发酵乳制品研究与工艺开发进展

李凤林 巩发永

编 著

西南交通大学出版社
·成 都·

图书在版编目（CIP）数据

发酵乳制品研究与工艺开发进展 / 李凤林，巩发永编著. —成都：西南交通大学出版社，2021.2

ISBN 978-7-5643-7711-3

Ⅰ. ①发… Ⅱ. ①李… ②巩… Ⅲ. ①酸乳－工艺开发 Ⅳ. ①TS252.54

中国版本图书馆 CIP 数据核字（2020）第 187650 号

Fajiao Ruzhipin Yanjiu yu Gongyi Kaifa Jinzhan

发酵乳制品研究与工艺开发进展

李凤林　巩发永　**编著**

责任编辑　牛　君
助理编辑　姜远平
封面设计　何东琳设计工作室

出版发行　西南交通大学出版社
（四川省成都市金牛区二环路北一段 111 号
西南交通大学创新大厦 21 楼）
邮政编码　610031
发行部电话　028-87600564　028-87600533
网址　http://www.xnjdcbs.com
印刷　成都蓉军广告印务有限责任公司

成品尺寸　185 mm × 260 mm
印张　12.25
字数　289 千
版次　2021 年 2 月第 1 版
印次　2021 年 2 月第 1 次
定价　68.00 元
书号　ISBN 978-7-5643-7711-3

课件咨询电话：028-1435775
图书如有印装质量问题　本社负责退换

前言

PREFACE

乳类是一种营养成分齐全、组成比例适宜、易消化吸收、营养价值高的天然食品，能满足初生幼仔生长发育的全部需要。乳类食品中以牛乳最普遍，其含有蛋白质、脂肪、碳水化合物、微量元素和维生素等100多种营养成分，几乎包含了人体生长发育和保持健康所需的全部营养成分，被称为“最接近完善的食品”。发酵乳制品作为乳制品中的一个重要品种，近几年来，随着人们对健康食品的重视，已成为乳制品中增长最快的品种之一。与未发酵乳制品相比，发酵乳制品经历的发酵过程，实际上是一个“预消化”的过程，在发酵过程中鲜乳的营养成分损失很少，在某些方面还增加了部分营养物质，比鲜乳更容易被人体吸收。发酵乳制品提高了产品的营养价值，改善了风味，增强了保健作用，延长了保存期；同时还具有改善肠道内菌群、预防肠道疾病、降低血中胆固醇、抗肿瘤、预防衰老等营养和辅助治疗功效。

国家卫健委指出，在“健康中国”的建设中，食品产业负有使命与担当；要从营养监测、营养干预、营养供给三个方面，充分发挥食品产业的作用，将国民营养健康事业和食品产业广泛而又深度地融合起来，以保障国民对营养健康食品的需求。在全面贯彻实施《国民营养计划》、不断推动合理膳食行动中，乳制品大有可为。发酵乳制品与其他乳制品相比有着更广阔的发展前景，现已成为乳制品行业新的增长亮点。

本书是作者在多年实践工作经验基础上，针对我国目前发酵乳制品加工业发展的实际情况及工艺开发进展编写而成的。在编写过程中，既阐述了发酵乳制品的基础理论知识，发酵乳制品的生产工艺、设备等，又重点体现了当前发酵乳制品的最新研究进展及发展方向，把近年来国内外对发酵乳制品的一些研究及其成果揉入其中。本书共分9章，内容主要包括发酵乳制品概述、微生物及其在发酵乳制品中的应用、发酵剂的选择及制备、酸乳及其制品、发酵乳饮料、奶酒、奶油与发酵奶油、干酪、乳制品质量管理及 HACCP 的应用等。本书不求囊括所有发酵乳制品方面的研究，但力求做到新颖实用以及对行业具有参考作用。本书内容丰富，图文并茂，可读性强，适合作为各大专院校食品及相关专业的辅助教材，也可作为乳品加工企业、食品科研机构有关人员的参考书。

本书在编写过程中，除部分内容来自作者的课题研究外，还参考了国内外许多著作和论文，在此表示衷心的感谢。

由于作者水平和经验有限，书中缺点与错误难免，敬请批评指正。

李凤林

2020 年 2 月

目录

CONTENTS

第一章　发酵乳制品概述

第二章　微生物及其在发酵乳制品中的应用

第三章　发酵剂的选择及制备

第四章　酸乳及其制品

第五章　发酵乳饮料

第六章　奶　酒

第七章　奶油与发酵奶油

第八章　干　酪

第九章　乳制品质量管理及 HACCP 的应用

第一章　发酵乳制品概述

第一节　发酵乳制品的发展及现状

发酵乳制品，是指以牛乳、羊乳、浓缩乳、乳粉与食品添加剂为原料，加入特定的乳酸菌或酵母菌及其他发酵剂，经发酵后制成的乳制品。广义上的发酵乳制品实际上是一个综合名称，包括酸乳、开菲尔、发酵酪乳、酸性乳油、乳酒等经微生物发酵的乳制品。成熟干酪由于也是在生产过程中经过微生物发酵制得的，所以在某些情况下，也可以认为干酪是发酵乳制品中的一种。狭义上的发酵乳制品按 GB 19302—2010 的定义是以生牛（羊）乳或乳粉为原料，经杀菌、发酵后制成的 pH 值降低的产品。一般讲述的发酵乳制品是指广义的概念。

一、发酵乳制品生产历史

发酵是人类最古老的乳品保存和加工方法，因此人们对发酵乳制品的食用历史相当悠久。6000 年前，埃及生产的一种称为“Leben”的酸性乳饮料实际上就是目前已知文字记载最早的发酵乳制品；公元前 13～14 世纪，阿拉伯商人在旅途中发现，乳汁经过烈日曝晒后，能与羊胃袋所分泌的凝乳素（Rennet）发生作用形成凝乳，这是现代欧式干酪的起源。公元前 4 ~ 6 世纪，生活在今天保加利亚的色雷斯人过着游牧生活，他们用羊皮袋装乳系在腰间，由于外界的高温和人的体温作用，袋中的微生物使乳汁发酵，这便是最初的酸乳。当他们把自然发酵的酸乳倒进煮过的乳中，后者也会变酸，这就是利用发酵剂制作酸乳的雏形。我国制作发酵乳制品历史悠久，古代一般将发酵乳制品称为酪。汉代刘熙在《释名》中称：“酪，泽也，乳汁所作，使人肥泽也”。《齐民要术》中也有发酵乳制品生产的记载，从其加工方法来看，与现代酸奶生产工艺基本相同。在公元前 641 年，唐朝文成公主进藏的民间故事中，已有关于酸乳的记述。被称为古代藏族社会百科全书的史诗《格萨尔王》中也有关于酸乳的记载。史料证明，公元前 200 年左右，在印度、埃及和古希腊等地都出现了酸乳。早期的酸乳制作虽然对延长鲜乳的保存有一定作用，但由于酸乳中含有大量杂菌，保存时间不长，因此人们采用各种方法以延长其保质时间，如浓缩、加盐、蒸煮、烘干以及添加其他成分制成类似干酪的发酵乳制品。公元 1000 年左右，德国家庭内自制酸乳，容器不是采用玻璃瓶而是一种扁圆形瓷碗。公元1008年德国建厂生产酸乳。著名的俄国科学家梅奇尼可夫在20世纪初就指出发酵乳制品的医疗特性。他注意到，在日常生活的食品中发酵乳制品占重要地位的巴尔干国家居民的寿命比其他国家居民的寿命长。1910年俄国科学家格尔基叶又进一步阐述，发酵乳制品中的微生物不仅能抑制肠道内的腐败菌生长，还能清除病原菌。自此，发酵乳制品名声大振。

古时候，人们就已知道发酵现象，但那时并不了解其原理。起初，牛乳自然地发酵，后来人们发现，发酵容器和工具的再次使用也可促进发酵过程的某种重现性和稳定性。21世纪初，控制发酵制品的生产，逐渐引起人们的重视，人们开始使用特种微生物以控制发酵产品品种。在不同国家甚至同一国家的许多地区，都有着他们自己的发酵乳制品。到今天，发酵乳制品已成为乳品中种类最多的一类产品。在世界各地的许多地方，发酵乳使用的微生物种类都不尽相同，发酵过程也受很多因素影响，这些发酵乳制品的风味自然也各有特色。

二、我国发酵乳制品生产现状

在我国，真正意义上的发酵乳制品生产是在1911年，当时的上海可可牛乳公司开始生产酸乳，这是我国第一家用机器生产的发酵乳制品。20世纪70年代以前，我国的酸乳生产厂家大多采用现成的酸乳作发酵剂接种到鲜乳中进行发酵，生产设备简陋，产量很低。我国大规模发酵乳制品的商业化生产始于20世纪80年代初，1980年北京东直门乳品厂从丹麦引进酸乳制品的设备与工艺，该乳品厂是我国第一个生产搅拌型酸乳的厂家；1985年以后，当时的内蒙古轻工业研究所成功研制了冷冻干燥菌种粉，从此酸奶的生产成功从大中城市进入了小城市，自此发酵乳制品在我国整个乳制品的生产中一直保持着较快的增长速度。资料显示，1982年，北京、上海、天津、武汉、南京、西安6大城市酸乳及其制品总产量不到2 000吨，1989年超过5万吨，增长了28倍，平均年递增62%；而同期的消毒乳产量增长不到2倍，平均年递增16%；乳粉产量增长不到1倍，平均年递增10%；2001年我国酸乳及其制品产量达到30.9万吨，2005年酸乳及其制品产量达到161.9万吨，5年间增长了4.2倍。据中商产业研究院统计数据，酸乳产品销售量从2013年的484万吨增加至2017年的857万吨，年均复合增长率达14.6%，酸乳销售额从2013年的544亿元增加至2017年的1220亿元，年均复合增长率高达21%。八十年代以来，经过近三十年的发展积累，消费者对酸奶的要求已经从能喝到提升到要喝好。2007年，光明乳业公司经过三年研发推出优酪乳酸奶新品种，添加了B+100益生菌，产品定位高端人群，主要针对18～45岁，生活节奏快，常被肠道问题困扰的女性。不久后，蒙牛集团推出了某全新高端酸奶品牌，产品采用利乐TT罐包装，让酸奶可即时饮用且携带更加方便。2009年，光明推出中国首款常温酸奶——莫斯利安，解决了低温酸奶运输储存的难题。莫斯利安的上市开启了常温酸奶这一全新品类，也为中国酸奶打开了几百亿的常温酸奶市场。

除了酸乳产量的快速增长外，其他发酵乳制品，如干酪、酸性奶油的产量也在逐步提高。目前，我国市场上对于干酪的消费需求以年增长率15%的速度快速增长。但由于受民族生活习惯及风俗的影响，这几类发酵乳制品的生产及消费在我国发酵乳制品中所占比例较少，目前我国人均奶酪消费量仅为0.1 kg/年，远低于乳业发达国家。目前国内有奶酪生产许可证的企业仅有45家。2018年我国国内奶酪总消费量约15万吨，除进口产品外，约有4万吨为国内加工生产。而在这4万吨中，仅有20%为国内企业生产的天然干酪，另外80%左右仍是国内企业利用进口原天然酪加工的再制干酪，这意味着国产天然奶酪实际产量还不到1万吨，未来市场潜力巨大。

据中国乳制品工业协会的专家分析，我国发酵乳制品快速增长的原因是，改革开放以来，居民生活水平大幅提升，消费者营养保健意识不断增强，越来越多的人认识到，发酵乳制品不仅含有乳汁的所有营养成分，还具有提高机体防病抗病能力、调节机体免疫系统的功能。据测算，我国有36%的人口存在不同程度的乳糖不耐症，酸乳制品已将鲜乳中的部分乳糖分解，所以更容易为国人接受。发酵乳制品由于经历的发酵过程，实际上是一个“预消化”的过程，在发酵过程中对鲜乳的营养成分损失很小，此外还增加部分营养物质，比鲜乳更容易被人体吸收。

三、发酵乳制品的研发趋势

发酵乳制品作为乳品工业中的重要组成部分，对其产品的技术开发首先要考虑满足消费者的需要。从世界各个区域的消费者对产品变化的要求来看，各国消费者都要求产品首先在营养和健康方面能满足他们的要求，其次还要考虑携带、饮用等的方便性，而且还要求产品要具有良好的口感。目前酸奶的发展热点主要包括功能性酸奶、嗜好性酸奶、新概念酸奶和生物酸奶这4种类型。其中，功能性酸奶包括美容酸奶、通畅酸奶、维持体态酸奶、降血糖酸奶和降血脂血压酸奶；嗜好性酸奶包括布丁甜食、谷物酸奶、充气酸奶和含醇酸奶；新概念酸奶包括常温酸奶、无糖酸奶和浓缩酸奶；生物酸奶包括发酵型饮品和发酵型酸奶。

研发部门应从包括产品原料在内的多个方面来帮助广大乳品企业实现产品的差异化，生产出独特的产品，让自家的产品在众多产品中脱颖而出。例如通过提供发酵速度更快的产品，来帮助企业提高生产效率；在研发上生产不同口味、不同组织形态的产品来帮助企业开发新产品。在英国市场上，2003年Muller公司推出了一种“Froot”的新酸乳饮料，有各种水果风味，针对家庭消费而获得成功。此外，Muller公司还推出了Mullerlight低脂酸乳饮料，并添加维生素作为“休闲”食品供应消费者而获得成功。雀巢公司于2004年在英国市场推出称为“Ski Sropgap”新酸乳饮料，含有混合浆果、热带水果和蜂蜜等，产品为香蕉风味，同其他酸乳相比，它更稠一些，并含有水果粒和谷物，消费者把它当作一种“方便的解决饥饿的液体而不是一种饮料”来消费。我国台湾地区也推出过芦荟汁酸乳饮料。

在意大利，ataria 公司推出过有机酸乳饮料。在巴西，Batavia 公司推出过苹果味酸乳饮料。达能公司在比利时推出过 Zen 产品，Zen 产品添加了 4 种乳酸酶和镁离子，使其具有镇静和肌肉舒张的功能。芬兰 Valio 公司 2004 年推出 Benecol 降低胆固醇乳饮料，这种产品添加了一种植物固醇和维生素 D，味道如同鲜乳。

伴随着发酵乳工艺技术的不断发展，添加的内容物日益丰富的同时，酸奶菌种也在持续升级，不同的菌种引导着发酵乳向各类功能化方向拓展。近年来，消费者对发酵乳的健康性要求也不断提升，除了菌种、奶源，消费者对发酵乳的工艺和添加物也越来越在意。纯生牛乳发酵品、零脂肪、低糖、零乳糖含量等发酵乳成为一些消费者新的需求。

四、发酵乳制品的特点

（一）发酵乳制品能提高食品的营养价值

牛乳经过乳酸菌发酵后，其中的维生素、氨基酸、矿物质和微量元素等成分的含量和种类都有所增加，从而使牛乳的营养价值大大提高。这是因为乳酸菌在代谢过程中能产生多种维生素、氨基酸和酶类。

（二）发酵乳制品能改善食品的风味

乳酸菌在发酵中产生的乳酸、醋酸、丙酸等有机酸，赋予食品以柔和的酸味，同时还可与发酵过程中产生的醇、醛、酮等物质相互作用，形成多种新的呈味物质。此外，乳酸发酵还能消除某些原料带来的异味和怪味。因而经乳酸发酵的食品都具有独特的风味。

（三）发酵乳制品能增强食品的保健作用

以双歧杆菌为首的活性乳酸菌菌体，及其在发酵过程中产生的某些生理活性物质，能提高人体免疫力，增强机体内巨噬细胞的吞噬力，提高人体对病原菌的抵抗力，从而增强了食品的保健功效。

（四）发酵乳制品能延长食品的保存期

乳酸菌发酵的主要代谢产物乳酸，在防止食品腐败变质中起着重要作用。此外，在发酵过程中还产生一些抑菌物质（如乳链球菌肽、乳杆菌素、嗜酸菌素等），可抑制引起食品腐败的微生物的生长，从而提高了产品的保存性，延长了货架期。

第二节 发酵乳制品的分类及营养保健作用

一、发酵乳制品的分类

对于发酵乳制品的分类目前没有统一的标准，一般按照其产品的组分、形态及生产方法可以分为以下几类。

（一）酸　乳

酸乳是发酵乳制品中最原始、产量最大的品种，凡是有乳品生产的国家都生产这种产品。酸乳是以鲜牛乳为原料，经过预处理后接入纯粹培养的保加利亚乳杆菌和嗜热链球菌作为发酵剂，并保温一定时间，因产生乳酸而使酪蛋白凝结的产品。酸乳按产品的形态又分为搅拌型和凝固型两种。

（二）乳酸菌饮料

乳酸菌饮料又称为活性乳，它是以酸乳为原料，加入一定量的水、糖、果汁、香料、稳定剂等辅料调配均质后制成的，含有一定数量活性乳酸菌的产品。乳酸菌饮料又分浓缩型与原乳型两种。

（三）酸乳粉

酸乳粉是以发酵浓缩乳为原料，经搅碎、高压均质、离心、低温、喷雾干燥、包装而成。

（四）奶　酒

奶酒是以鲜牛乳为原料，接种乳酸菌、酵母或某些特殊发酵剂，经酒精和乳酸发酵制成的产品。根据使用原料乳不同和发酵剂的不同，有牛奶酒、羊奶酒、开菲尔乳等。

（五）发酵酪乳

发酵酪乳是以酪乳或脱脂乳为原料，经乳酸菌和香气微生物混合菌种发酵制得的产品。发酵酪乳可分为两种，一种是自然酸性酪乳，即生产奶油时分离出来的酪乳经自然发酵制得；另一种是专门用脱脂乳，经过加工后再加入发酵剂发酵而成的人工酪乳。

（六）酸性奶油

酸性奶油是以发酵稀奶油为原料，经搅拌、压炼等工艺制成的一类产品。这种奶油特点是保存期长，风味独特。

（七）成熟干酪

成熟干酪是以乳、稀奶油、脱脂乳等为原料，经凝乳剂凝乳，并排出部分乳清而制成的发酵成熟的产品。

二、发酵乳制品的营养作用

（一）蛋白质

发酵乳制品含有易于消化的优质蛋白质，和普通牛乳相比，由于酸乳中乳酸菌的作用，乳蛋白（主要是酪蛋白）变性凝固成为微粒子，并相互连结成豆腐状的组织结构。这种由乳酸作用产生的酪蛋白粒子小于乳蛋白在胃酸作用下产生的粒子，更易于人体消化吸收。另外干酪在发酵和成熟过程中，牛乳原有的蛋白质被逐步分解为肽、胨及人体必需的氨基酸和其他一些小分子物质，这些小分子物质易被人体吸收，使干酪蛋白质消化吸收率高达 96%～98%，与其他动物蛋白质相比，质优而量多。酸乳发酵过程中会产生相当于普通牛乳 4 倍以上的人体必需氨基酸及各种多肽。近年来人们对这些多肽类的生物活性进行了广泛研究，发现这些多肽具有抗菌、抗高血压、促进新陈代谢、强化钙吸收等多种生理功能。

（二）脂肪和维生素

发酵乳制品含有多种维生素及其他营养成分。发酵乳制品的主要原料牛乳含有丰富的维生素，在发酵乳制品制造过程中这些维生素成分没有受到损失，反而由于乳酸菌的代谢活动，一部分得到了增加。如和牛乳相比，酸乳中含有更多的 V_A 和 V_B。V_A 和 V_B 是人体生长发育不可缺少的营养元素，除了促进人体细胞生长之外，还有保护皮肤及黏膜的作用。人体通常通过绿黄蔬菜中的色素来满足对 V_A 的需要，但是这些色素在人体内只有 30%能转换成 V_A，所以直接饮用酸乳相对能更加有效地吸收 V_A。作为理想食品的牛乳所缺少的是植物纤维及 V_C。果汁酸乳，特别是在日本、欧洲风行的大粒果肉酸乳，因含有大量水果中的纤维及 V_C，能弥补普通牛乳在营养上的欠缺，是营养成分更加完善、合理的食物佳品。

（三）矿物质元素

发酵乳含有丰富易吸收的钙。矿物质元素发酵饮料中富含多种矿物质，如钙、钾、镁、锌、铁等。这些元素是构成机体的重要成分，同时也是维持机体正常功能的重要物质。牛乳里含有丰富的钙是众所周知的。除了高含量之外，和鱼类、肉骨类食品中钙的吸收率为20%～30%相比，牛乳中的钙的吸收率高达70%。这是因为牛乳中的酪蛋白及乳糖有助于人体的钙吸收。另外一个重要因素是牛乳中磷的含量低于其他食品，和钙的比例接近1:1，而高磷含量会促使人体排泄钙质。在酸乳制造过程中牛乳中钙不仅没有受到破坏，还被转化为更易于人体吸收的可溶性乳酸钙，同时在乳酸菌作用下乳蛋白被分解产生的多肽类也有助于钙的吸收。在干酪制作过程中，由于工艺需要而添加钙离子，使钙的含量增加，易被人体吸收。通常100 g牛乳中含有496 mg钙，而100 g干酪中含有720 mg钙。

（四）碳水化合物

在干酪制作过程中，乳糖大部分转移到乳清中，残留下的乳糖，一部分分解成为半乳糖和葡萄糖,避免了某些人因体内缺乏乳糖酶而导致的饮用牛乳时产生腹胀等乳糖不耐症。

在酸乳制作过程中，在乳酸菌的发酵作用下，部分乳糖被代谢，生成乳酸。乳酸本身也可作为营养源，通过磷酸烯醇式丙酮酸和葡萄糖－6－磷酸再转化为糖原。乳酸能促进胃液分泌和胃肠蠕动，抑制有害微生物的繁殖，提高矿物质的消化吸收率，并使酸乳形成清香的酸味和良好的口感。酸乳中的乳酸有两种同分异构体：左旋L（+）乳酸和右旋D（－）乳酸。1 L酸乳中含有8～10 g乳酸，其中L（+）占70%～98%，D（-）占2%～30%。酸乳中的嗜热链球菌产生左旋L（+），易于消化吸收；保加利亚乳杆菌则产生右旋D（-），代谢较慢，过量摄入会导致代谢紊乱。

三、发酵乳制品的保健作用

（一）改善肠内菌群

肠道内主要菌群有厌气性葡萄球菌、粪链球菌、产气荚膜梭菌、铜绿假单胞杆菌、大肠菌、乳酸杆菌、双歧杆菌等，且其变化与人体的年龄有关，有害菌产生的肠毒素、细菌毒素、肠内菌群腐败等可引起病原性疾病，所以肠内菌群正常分布对保持人体健康、预防疾病具有十分重要的作用。发酵乳中乳酸菌发挥作用的先决条件是能够在肠内吸附定居，这种附着作用是肠道内壁蛋白质（受体）与乳酸菌外壁（供体）成分多糖相互作用而引起。通过小肠上皮细胞与乳酸菌进行混合培养，观察其培养液细胞浓度，测定乳酸菌吸附性，结果表明上皮细胞对乳酸菌具有明显的吸附作用。肠道检出的乳酸菌主要有婴儿双歧杆菌、短双歧杆菌、长双歧杆菌、青春双歧杆菌和嗜酸乳杆菌等，而且这些乳酸菌对胆汁酸具有耐酸性。

发酵乳具较强的抗菌活性，能抑制有害微生物生长，使乳酸菌占优势。嗜酸乳杆菌、双歧杆菌作用尤其突出，嗜酸乳杆菌可产生有机酸、H_2O_2及抗生素物质，双歧杆菌具有防止便秘、预防及治疗细菌性下痢，维持肠内菌群正常平衡，合成V_B等功能，而且其他细菌不能利用的寡糖类是它的增殖因子。乳酸菌产生的抗菌性对肉类、肉制品、蛋制品、乳品等的保存具有重要作用，而且酸度高的食品抗菌作用显著，包括对 G^+、G^-菌及其他一些致病菌。

（二）具有整肠作用，预防肠道疾病

肠道疾病中常见的鼓肠、腹鸣、下痢等许多与乳糖不耐症有关。一些成年人乳糖酶活性低下，有些小儿也会产生乳糖不耐症。如果小肠中乳糖酶活性低下，乳糖直接进入大肠，渗透压升高，水分吸收增加，加速肠蠕动，从而引起腹泻或肠道不适。酸乳中的乳酸菌具很强 β-乳糖酶活性，可将乳糖转化成葡萄糖。另外有些乳酸菌在人的消化道内具有较强残存活性，这可为酸乳提供生理活性物质，使乳酸菌能顺利进入肠道并发挥作用。

（三）降低血中胆固醇

人们对乳酸菌降低胆固醇的作用及其机理做了广泛的研究，认为乳酸菌菌体成分或菌体外代谢物有抗胆固醇因子。在乳酸菌产生的特殊酶系中有降低胆固醇的酶系，它们在体内可能抑制羟甲基戊二酰辅酶 A 和还原酶（胆固醇合成的限速酶），从而抑制胆固醇的合成。由于乳酸菌能在肠黏膜上黏附并定植，故能显著减少肠道对胆固醇的吸收。乳酸菌可吸收部分胆固醇并将其转变为胆酸盐从体内排出。Gilliland 等（1985）实验证明，嗜酸乳杆菌对胆固醇具有同化作用；Rasic（1993）的研究也有同样结果；Klaver 等（1993）研究表明乳酸菌对胆固醇具有共沉淀作用，当 pH 低于 6.0 时，由于乳酸菌的胆盐共轭活性增加，使胆固醇与胆盐形成了沉淀，从而降低了培养基的胆固醇含量。

（四）抗肿瘤作用

在肠道内的部分细菌所分泌的一些酶类，如β-葡糖酶，β-葡糖苷酸酶、硝基还原酶、偶氮还原酶、7α-脱羟基酶等，在肠内可使前致癌物转化为致癌物。肠道菌中的乳酸菌（包括补充到肠道中的乳酸菌）可通过调整肠道菌群而抑制这些细菌酶的活性，降低肿瘤发生的危险。乳酸菌抗癌的机理，可能是乳酸菌的某些代谢产物可促进肠胃蠕动，缩短致癌物质在肠内滞留的时间，减少致癌物质与上皮细胞的接触；或者是乳酸菌的代谢产物在肠道内膜内附植，形成不利于这些细菌酶作用的环境，抑制其活性，阻断肠内的前致癌物向致癌物的转化。肠道内具有抗肿瘤作用的乳酸菌有：德氏乳杆菌保加利亚亚种、莱希曼氏乳杆菌、胚芽乳杆菌、纤维二糖乳杆菌、瑞士乳杆菌古特亚种、婴儿双歧杆菌、詹森乳杆菌、乳酸链球菌乳酸亚种、瑞士乳杆菌、短乳杆菌、肠膜明串珠菌肠膜亚种、两歧双歧杆菌、发酵乳杆菌、唾液链球菌嗜热亚种、格氏乳杆菌、长双歧杆菌、青春双歧杆菌、嗜酸乳杆菌等。

（五）预防衰老，延长寿命

生物体衰老学说之一是自由基学说，即自由基及其诱导的氧化反应引起生物膜损伤和交链键形成，使细胞损害。自由基活性强，细胞损伤作用越强。发酵乳制品中的 SOD、V_E、Vc 可协同起到抗氧化作用，这些物质会跟过氧化自由基反应，阻止老化发生。故在高龄化社会中发酵乳饮品作为老年食品更具意义。

第二章 微生物及其在发酵乳制品中的应用

第一节 发酵乳制品生产中的有益微生物

牛乳中的微生物，一般根据其在乳基质中所起的作用分为三类：一类是污染菌，广义地讲污染菌是指一切侵入牛乳中的微生物；狭义地讲是指引起乳和乳制品腐败变质的有害微生物，如低温细菌、蛋白分解菌、脂肪分解菌、产酸菌、大肠杆菌等。另一类是致病菌，即可引起机体发生病变，对人畜健康有害的病原微生物，当它们存在于乳中时，可以通过乳传播人畜的各种流行病，如溶血性链球菌、布鲁氏菌、乳腺炎链球菌、沙门氏菌和痢疾杆菌等。第三类是益生菌，这是一类生理性细菌，是对乳品生产有益的微生物，可以使我们得到所希望的乳制品，例如在干酪、酸性奶油及酸乳等制品生产中，乳酸菌有重要作用；酵母是生产牛乳酒、马乳酒不可缺少的微生物；青霉菌可在生产干酪时产生特殊的风味物质。因此，了解乳中微生物的种类和特性，对防止污染菌、致病菌的侵入以及利用合适的益生菌生产各种优质发酵乳制品，具有重要意义。

一、乳酸菌的种类及其性质

凡能分解糖形成乳酸的细菌统称为乳酸菌，其菌体细胞为杆状或球状，革兰阳性，能利用葡萄糖，终产物50%以上，多数不产生芽孢，极少数有运动性，多数为有益菌，少数为致病菌。目前发现乳酸菌主要有包括乳杆菌属（*Lactobacillus*）、链球菌属（*Streptococeus*）、明串珠菌属（*Leuconostoc*）、双歧杆菌属（*Bifidobacterium*）、片球菌属（*Pediococcus*）等在内的至少23个属，共220多种。我国批准的可用于食品的乳酸菌名单见表2-1。

表2-1 我国批准的可用于食品的乳酸菌名单

序号	名 称	拉丁学名
第一类	双歧杆菌属	*Bifidobacterium*
1	青春双歧杆菌	*Bifidobacterium adolescentis*
2	动物双歧杆菌（乳双歧杆菌）	*Bifidobacterium animalis*（*Bifidobacterium lactis*）
3	两歧双歧杆菌	*Bifidobacterium bifidum*

续表

序号	名　称	拉丁学名
4	短双歧杆菌	*Bifidobacterium breve*
5	婴儿双歧杆菌	*Bifidobacterium infantis*
6	长双歧杆菌	*Bifidobacterium longum*
第二类	乳杆菌属	*Lactobacillus*
1	嗜酸乳杆菌	*Lactobacillus acidophilus*
2	干酪乳杆菌	*Lactobacillus casei*
3	卷曲乳杆菌	*Lactobacillus crispatus*
4	德氏乳杆菌保加利亚亚种(保加利亚乳杆菌)	*Lactobacillus delbrueckiisubsp. Bulgaricus* (*Lactobacillus bulgaricus*)
5	德氏乳杆菌乳亚种	*Lactobacillus delbrueckiisubsp.lactis*
6	发酵乳杆菌	*Lactobacillus fermentium*
7	格氏乳杆菌	*Lactobacillus gasseri*
8	瑞士乳杆菌	*Lactobacillus helveticus*
9	约氏乳杆菌	*Lactobacillus johnsonii*
10	副干酪乳杆菌	*Lactobacillus paracasei*
11	植物乳杆菌	*Lactobacillus plantarum*
12	罗伊氏乳杆菌	*Lactobacillus reuteri*
13	鼠李糖乳杆菌	*Lactobacillus rhamnosus*
14	唾液乳杆菌	*Lactobacillus salivarius*
15	清酒乳杆菌	*Lactobacillus sakei*
16	弯曲乳杆菌	*Lactobacilluscurvatus*
第三类	链球菌属	*Streptococcus*
1	嗜热链球菌	*Streptococcus thermophilus*
第四类	乳球菌属	*Lactococcus*
1	乳酸乳球菌乳酸亚种	*Lactococcus Lactissubsp.lactis*
2	乳酸乳球菌乳脂亚种	*Lactococcus Lactissubsp.cremoris*
3	乳酸乳球菌双乙酰亚种	*Lactococcus Lactissubsp.diacetylactis*
第五类	明串球菌属	*Leuconostoc*
1	肠膜明串珠菌肠膜亚种	*Leuconostoc mesenteroidessubsp.mesenteroid*

1. 乳酸乳球菌乳酸亚种

乳酸乳球菌乳酸亚种是链球菌属的代表菌种，为最普通的乳酸菌，其某些菌株是制备奶油发酵剂、干酪发酵剂和一些发酵乳制品（如酸牛乳）所需发酵剂纯培养的重要菌种。

该菌种菌体呈卵圆形，直径 0.5 ~ 1 μm，延长轴成链状排列。大多呈对或短链，有时可呈长链。无运动性，不形成孢子，革兰氏阳性，通性嫌气，繁殖最适温度为 30 ~ 35 °C，产酸温度为 10 ~ 40 °C，可耐 4%食盐水和 pH 9.2 的环境，pH 9.6 时不生长，灭活条件是 62.8 °C、30 min。通常存在于乳及乳制品中。可用于制造干酪、奶油、酸乳。

乳酸乳球菌乳酸亚种中的有些菌株可产生一种抗菌物质——乳链球菌素（Nisin），能抑制很多革兰氏阳性细菌，尤其能抑制厌氧芽孢杆菌的生长出芽。乳链球菌素是由 34 个氨基酸组成的多肽，相对分子量为 3 510，以 NisinA 和 NisinZ 两种天然形式存在。NisinA 与 NisinZ 的差异是 NisinZ 结构上的 27 位天冬酰胺取代了精氨酸，这种改变并不影响 NisinZ 的抗菌活性，却使其比 NisinA 更具溶解性。

乳链球菌素是一种高效、无毒、安全、无副作用的天然食品防腐保鲜剂，已被广泛地应用于乳制品、蔬菜水果、罐头食品和肉制品等的防腐保鲜，在乳品中主要用于防止干酪的丁酸发酵。

2. 乳酸乳球菌双乙酰亚种

该亚种是乳链球菌的一个亚种，与乳链球菌具有基本相同的特点。与乳链球菌所不同的特点是：它能发酵柠檬酸，产生二氧化碳、3-羟丁酮和丁二酮。丁二酮具有特殊的芳香气味，使乳制品具有特有风味。此菌在形成丁二酮的过程中，必须在 pH 4.3 ~ 4.8 的条件下（用柠檬酸调节），同时还必须通入氧气。此菌可用于制造干酪及酸奶油。

3. 乳酸乳球菌乳脂亚种

该亚种常用于制备奶油、干酪的发酵剂，有时与乳链球菌共同培养以制备菌种发酵剂。

该菌种菌体呈球形或椭圆形，直径为 0.6 ~ 1.0 μm，连接两个成短链球状，无运动性，不形成孢子，革兰氏阳性，通性嫌气；繁殖温度为 30 °C，40 °C 停止繁殖，在 4%食盐溶液和 pH 9.2 环境下停止繁殖。

该菌种能发酵葡萄糖和乳糖产酸。有些菌株能利用柠檬酸产生二氧化碳、醋酸和丁二酮；有些菌株也可以产生类似抗生素的物质。产酸温度是 18 ~ 20 °C，产酸快，但不耐酸，在 20 ~ 30 °C 的凝固乳中只能存活数日。

4. 嗜热链球菌

嗜热链球菌是制备酸乳以及某些干酪时使用的菌株。

该菌种菌体呈椭圆形，直径为 0.7 ~ 0.9 μm，一般为双球或短链球状，革兰氏阳性，繁殖温度为 40 ~ 45 °C，耐热性强，可耐 60 ~ 65 °C、30 min 的杀菌。其产酸温度为 50 ~ 53 °C，化学耐性弱，在 20%食盐水中不能生存。在葡萄糖肉汤中的最终 pH 为 4 ~ 4.5。极易发酵蔗糖和乳糖，导致比发酵葡萄糖更低的 pH。不发酵麦芽糖。主要存在于乳及乳制品中，例如瑞士干酪和酸凝乳，常可用作这些制品的发酵剂。

5. 戊糖明串珠菌

戊糖明串珠菌又称乳明串珠菌。菌体呈圆球形或透镜状，成对或短链。繁殖生长温度范围为 10 ~ 40 °C，最适温度为 25 ~ 30 °C，在 60 °C 加热 30 min 仍可存活。

该菌种可发酵葡萄糖和乳糖，可将蔗糖转变为葡萄糖，但其活力不及肠膜状明串珠菌。主要存在于水果、蔬菜、乳及乳制品中，可用于制造干酪及其他乳制品。

6. 肠膜明串珠菌肠膜亚种

该亚种为革兰氏阳性球菌，在其生长过程中会形成长链或成对。形态可以根据物种在哪种培养基上生长而改变为杆状或更简单的细长形式。不产孢子，无运动，兼性厌氧菌。在微需氧条件下，可对乳酸发酵。可将葡萄糖和其他已糖通过已糖单磷酸和戊糖磷酸途径的组合转化为等摩尔量的 D-乳酸、乙醇和 CO_2。其他代谢途径包括柠檬酸转化为二乙酰基和乙酰丁酸以及蔗糖生产右旋糖酐和左旋糖。肠膜明串珠菌肠膜亚种在几种工业和食品发酵中起重要作用。

7. 德氏乳杆菌保加利亚亚种

该亚种是了解最早的乳杆菌，菌体呈杆状，有时呈长、大链状。大小为（0.8 ~ 1）μm ×（2 ~ 20）μm，用亚甲蓝染色在菌体内可见到异染颗粒。无鞭毛，无芽孢，革兰氏阳性。其繁殖需要乳成分或乳清成分，混合培养基加入蛋白分解物发育更好。

可同型乳酸发酵，在乳中以 37 °C 培养 6 ~ 8 h，酸度约为 0.7%，24 h 后可达 2%，经 3 ~ 4 d 后则可达 3%。繁殖生长最适温度为 40 ~ 45 °C，最高 53 °C，超过 60 °C 加热将杀灭，20 °C 不生长。

该菌种能发酵葡萄糖、半乳糖、乳糖，而不能发酵蔗糖与麦芽糖。其产酸在乳酸菌中是最高的，可使牛乳凝固，分解蛋白质生成氨基酸的能力很强，能使牛乳及稀奶油变黏稠。该菌种是生产酸牛乳的主要菌种，可用于生产酸乳饮料或用乳清生产乳酸，并可与嗜热链球菌一起作为瑞士干酪的发酵剂。

该菌种用于生产酸酪乳、酸乳饮料和酸凝乳等的发酵生产。

8. 干酪乳杆菌

干酪乳杆菌是一种短的或长的杆菌，菌体呈细长杆状，大小为（0.8 ~ 2.0）μm × 4.0 μm，菌端常平直，多能形成链状，无运动性，不形成孢子，革兰氏阳性，微好气性。

干酪乳杆菌在发酵乳糖形成乳酸的发酵过程中能同时分解蛋白质产生香味物质，干酪乳杆菌是干酪成熟中必要的菌株。繁殖生长最高酸度条件是含乳酸 1.5% ~ 1.8%，适宜温度是 30 °C，但 10 °C 以下也能生长。

干酪乳杆菌对其宿主营养、免疫、防病等具有显著的益生功效。有学者发现干酪乳杆菌还表现出耐酸、耐胆盐能力强的特点，适用于食品发酵。其对抗体内致病菌、使肠道内环境菌群丰富度增加，调节肠道内菌群平衡、以及通过菌种发酵的产肽作用而降血压等功能特性也逐渐被证实，是人体的有益菌。

干酪乳杆菌主要存在于乳、乳制品、干酪、酸面团、青贮饲料以及人的口腔、肠道内容物和粪便中，可用于制造干酪和乳酸。

9. 嗜酸乳杆菌

该菌种菌体呈细杆状，圆端，大小（0.6 ~ 0.9）μm×（1.5 ~ 6.0）μm，单个，呈对或呈短链，不运动。繁殖生长适宜温度为 37 °C，最高温度可达 43 ~ 48 °C，22 °C 以下不产酸，15 °C 不生长；在 pH 5 ~ 7 均可生长，最适 pH 为 5.5 ~ 6.0。

嗜酸乳杆菌的耐酸性很强，但凝固牛乳的作用弱，37 °C、2 ~ 3 d 才能使牛乳凝固。在肠道内分解乳糖、麦芽糖、淀粉类生成乳酸，有抑制肠道菌群的作用，因而可以起到整肠作用。

这种菌主要存在于动物的肠道中，可从幼儿及成年人的粪便中分离出来，是制备发酵乳制品、嗜酸乳杆菌的纯培养发酵剂的有用菌种。

10. 戊糖乳杆菌

戊糖乳杆菌（*Lactobacillus pentosus*）最初被鉴定为植物乳杆菌（*Lactobacillus plantarum*），而后由于分子生物学的发展，利用 recA 基因将其重新划分为戊糖乳杆菌。该菌种菌体呈杆状，通常规则，大小 1.2 μm×（2 ~ 5）μm。不生孢，无鞭毛，不运动，革兰氏染色呈阳性，兼性厌氧，兼性异养型乳酸发酵。在营养琼脂培养基上的菌落凸起、全缘和无色，直径 2 ~ 5 mm。化能异氧菌，需要营养丰富的培养基；不还原硝酸盐，不液化明胶。戊糖乳杆菌可以分解阿拉伯糖、纤维二糖、 果糖、半乳糖、葡萄糖、麦芽糖、甘露糖、核糖、山梨糖、蔗糖、海藻糖、木糖和棉子糖。戊糖乳杆菌不仅能利用六碳糖也能利用五碳糖发酵生产乳酸，是能利用木质纤维素水解液发酵产乳酸的潜力菌株。

戊糖乳杆菌可以分泌细菌素等抗菌物质。戊糖乳杆菌分泌的细菌素可以抑制阴沟肠杆菌（*Enterobacter cloacae*）、肺炎杆菌（*Klebsiella pneumoniae*）、干酪乳杆菌（*Lactobacillus casei*）、弯曲乳杆菌（*Lactobacillus curvatus*）、绿脓杆菌（*Pseudomonas aeruginosa*）等多种微生物。戊糖乳杆菌还可以通过抑制肠道有害微生物，促进益生菌的生长来改善肠道菌群。李志如等分离出戊糖乳杆菌的一类细菌素，命名为戊糖乳杆菌素（*pentocin LS1*），其分子量为 1 123.8 Da；研究发现，戊糖乳杆菌素对部分革兰氏阴性和阳性食品腐败菌具有抑菌活性。此外，该细菌素 100 °C 加热 15 min 仍可保留 80.2%的抑菌活性，在 pH 2.0 ~ 8.0 范围内具有较强活性，对蛋白水解酶敏感，对淀粉酶、脂肪酶及过氧化氢酶不敏感，部分化学试剂也对其活性无明显影响。

11. 鼠李糖乳杆菌

鼠李糖乳杆菌是厌氧耐酸、不产芽孢的一种革兰氏阳性益生菌。鼠李糖乳杆菌不能利用乳糖，可发酵多种单糖（葡萄糖、阿拉伯糖、麦芽糖等），大多数菌株能产生少量的可溶性氨，但不产生吲哚和硫化氢。它具有耐酸、耐胆汁盐、耐多种抗生素等生物学特点。同型乳酸发酵。适宜温度 37 °C，随发酵时间延长，活菌数增大，19 h 活菌数量达到最高（2×10^{10}）cfu/mL。在 25 °C 贮藏活菌数量急剧下降，到 20 天基本无活性细胞。常用的是 GG 菌株（LGG），LGG 能够在活体肠道内定植并存活；LGG 能够防止巨噬细胞分泌过量的肿瘤坏死因子 TNF-α，起到预防和治疗结肠炎的作用；能够吸附黄曲霉毒素 B_1、玉米烯酮、去除重金属镉；具有调整体内菌群的功效，保持肠道内微生态平衡。桑建研究发现，鼠李糖乳杆菌 hsryfm 1301 菌株发酵牛乳 72 h 时有助于代谢产物的产生及积累，发酵乳中含有 39 种挥发性风味物质，乙醛、双乙酰等特征风味物质的含量显著提高；且其抑菌能力及其抗氧化能力得到增强,具有更好的益生功能。

鼠李糖乳杆菌主要应用以酸乳制品为主，此外还用于干酪、婴儿食品、果汁、果汁饮料以及药品等。

12. 双歧杆菌

双歧杆菌（*Bifidobacterium*）是 1899 年国外学者从母乳喂养的婴儿的粪便中分离出的一种厌氧革兰氏阳性杆菌。目前已发现双歧杆菌有 30 余种，其中有 9 种存在于人体的肠道内，它们是婴儿双歧杆菌、青春双歧杆菌、长双歧杆菌、短双歧杆菌、两歧双歧杆菌、角双歧杆菌、小链双歧杆菌、假小链双歧杆菌和齿双歧杆菌。

双歧杆菌菌体呈 Y 字形、V 字形、弯曲状、刮勺状等形态，其典型的特征是有分叉，无芽孢、荚膜及鞭毛，无运动性，专性厌氧。最适生长温度 37 ~ 41 °C，最适发酵温度 35 ~ 40 °C，最低生长温度 25 ~ 28 °C，最高生长温度 43 ~ 45 °C；起始生长 pH 为 6.7 ~ 7.0，在 pH 为 4.5 ~ 5.0 以下或 pH 为 8.0 ~ 8.5 以上的环境中都不生长。

双歧杆菌能发酵糖，产生醋酸和乳酸，以醋酸为主。双歧杆菌对糖类碳水化合物的分解代谢途径不同于乳酸菌的同型或异型发酵，而是经由特殊的双歧支路即双歧发酵，最后生成醋酸和乳酸，二者之比为 1.5 : 1。

双歧杆菌对人体有健康作用，能维护肠道正常细菌菌群平衡，抑制病原菌的生长；抗肿瘤；在肠道内合成维生素、氨基酸和提高机体对钙离子的吸收；降低血液中胆固醇水平，防治高血压；改善乳制品的耐乳糖性，提高消化率；增强人体免疫机能等功能。双歧杆菌是制备发酵乳制品、双歧杆菌制剂的有用菌种。

二、其他发酵所用微生物的种类及其性质

（一）产气菌

这类菌在牛乳中生长时，能生成酸和气体。例如，大肠杆菌（*Escherichia-coli*）和产气杆菌（*Aerobacter aerogenes*）是常出现于牛乳中的产气菌。由于产气杆菌能在低温增殖，故为牛乳低温贮藏时，能使牛乳变酸败的一种重要菌种。另外，丙酸杆菌属（*Propionibacterium*）也能分解蛋白胨、丙酮酸盐或乳酸盐及其他碳水化合物，形成丙酸、醋酸、二氧化碳而产气。丙酸杆菌为革兰氏染色阳性的短杆菌，生长温度范围为 25 ~ 45 °C，在 30 ~ 37 °C 时生长最快。用丙酸杆菌生产干酪时，可使产品具有气孔和特有的风味。从牛乳和干酪分离出来的有费氏丙酸杆菌（*Prop.freudenreichii*）和谢氏丙酸杆菌（*Prop.shermanii*）。

丙酸杆菌是一种革兰氏阳性、非运动型的厌氧菌，作用于乳酸，生成丙酸和乙酸，乙

酸和丙酸对干酪的风味具有重大影响，产生的气体在干酪中形成气孔结构。干酪中气体的含量过高时，将会在很大程度上降低干酪在保存期间的感观质量，如干酪体积膨胀过度，形成卵圆形孔眼或较大的孔洞。当干酪组织不能承受内部气体压力的时候，还将会引起干酪组织的破裂，从而形成较为明显的裂痕。

丙酸杆菌某谢氏菌种在产酸的同时还能分泌具有抑菌或杀菌作用的抗菌蛋白和抗菌肽。谢氏丙酸杆菌可发酵产生抑菌性细菌素，法国罗地亚公司利用该细菌素商业化生产出一种可抑制革兰氏阴性菌的生物防腐剂—MicrogardTM，并被美国食品药品监督管理局（FDA）批准用于食品，特别是奶酪制品的防腐保鲜。

费氏丙酸杆菌在生长过程中能形成大量的香气物质和 CO_2，这对于瑞士奶酪特殊气孔和风味的形成非常重要，使端士奶酪即使在后期冷藏过程中，也会有香气物质产生。费氏丙酸杆菌还能产生维生素 B_{12} 和共轭亚油酸供机体利用，其产生的抗细菌、真菌类化合物也能作为食品和饲料的生物保护剂。

（二）蛋白分解菌

该属菌可产生胞外蛋白酶而将基质蛋白分解。大部分用于生产发酵乳制品的乳酸菌，均能使乳中蛋白质分解成氨基酸，从而易于人体吸收。但有的菌种，如假单胞杆菌属等低温细菌，芽孢杆菌属和放线菌中的部分菌种等，可分解蛋白质产生氨和胺类，使牛乳产生黏性、碱性、胨化，属于腐败性的蛋白分解菌；蛋白分解菌中也有对干酪生产有益的菌种。

（三）脂肪分解菌

脂肪分解菌能分解甘油酯生成脂肪酸。主要的脂肪分解菌有：荧光极毛杆菌、蛇蛋果假单胞菌、无色解脂菌、解脂小球菌、干酪乳杆菌、白地霉、黑曲霉、大毛霉等。该菌类除一部分可用于干酪生产外，一般都是使牛乳及乳制品变质的细菌，对稀奶油和奶油危害更大。由于大多数脂肪分解菌有耐热性，在 0 °C 以下仍具有活力，因此，牛乳中污染脂肪分解菌时，即使进行冷却或加热杀菌，也会带有令人不快的脂肪分解味。

（四）酵　母

乳品中的酵母主要为酵母属（*Saccharomyces*）、毕赤氏酵母属（*Pichia*）、球拟酵母属（*Torulopsis*）、假丝酵母属（*Candida*）等菌属，常见的有脆壁酵母菌（*Sacch.fragilis*）、膜醭毕赤氏酵母（*P.membrsne foeiens*）、洪氏球拟酵母（*T.hulmii*）、高加索乳酒球拟酵母（*T.kefir*）、球拟酵母（*T.globosa*）、汉逊氏酵母（*Deb.hansenii*）等。其中脆壁酵母能使乳糖形成酒精和二氧化碳，是生产牛乳酒时的珍贵菌种；毕赤氏酵母能使低浓度的酒精饮料表面形成干燥皮膜，故有产膜酵母之称，膜醭毕赤氏酵母主要存在于酸凝乳及发酵奶油中；假丝酵母属的氧化分解力很强，能使乳酸分解形成二氧化碳和水，由于其酒精发酵力很高，常用于开菲尔乳（Kefir）和酒精发酵。使用酵母制成的乳制品往往带有酵母臭，有风味上的缺陷。

（五）霉　菌

牛乳中常见的霉菌有乳粉胞霉（*Oospora lactis*）、乳酪粉胞霉（*Oospora casei*）、乳酪青霉（*Penicillium casei*）、灰绿青霉（*Pen.glsucum*）、卡门培尔干酪青霉、灰绿曲霉（*Aspergillus.glsucum*）和黑曲霉（*Asp.niger*）等，其中大部分霉菌会使干酪、奶油等污染腐败，但当生产加工卡门培尔干酪、罗奎福特干酪和青纹干酪时则非它们不可。

第二节　微生物在发酵乳制品中的应用

一、微生物在乳品中的发酵类型及其应用

乳中的碳水化合物主要是乳糖，它经过微生物乳糖酶水解而生成一分子葡萄糖和一分子半乳糖。再经过不同类型的分解途径，将两个单糖分解为多种中间产物，其中丙酮酸是各发酵途径的关键中间产物。据发酵终产物的不同，可分为以下几种类型。

（一）乳酸发酵（1actic acid fermentation）

葡萄糖经微生物的酵解作用产生乳酸的过程称为乳酸发酵。其发酵产物中全为乳酸时称为同型乳酸发酵，发酵产物中除乳酸外还有乙醇、乙酸、二氧化碳和氢等，称为异型乳酸发酵。进行同型乳酸发酵的微生物有乳酸乳球菌乳脂亚种、乳酸乳球菌乳酸亚种，嗜热链球菌以及大多数乳杆菌（Lactobacillus），如嗜酸乳杆菌、瑞士乳杆菌和德氏乳杆菌保加利亚亚种等。而明串珠菌属和某些乳杆菌如干酪乳杆菌和胚芽乳杆菌则属于异型乳酸发酵。另外，双歧杆菌发酵属于乳酸发酵的一种特殊类型。

同型发酵：$C_6H_{12}O_6+2ADP+2H_3PO_4 \longrightarrow 2CH_3CHOHCOOH+2ATP$

异型发酵：$C_6H_{12}O_6+ADP+Pi \longrightarrow CH_3CHOHCOOH+CH_3CH_2OH+ATP+CO_2$

双歧发酵：$2C_6H_{12}O_6+2.5ADP+2.5Pi \longrightarrow 2CH_3COOH+2CH_3CHOHCOOH+2.5ATP$

乳酸发酵广泛应用于乳品工业，几乎所有发酵乳制品均有乳酸发酵及相关菌种的参与。利用乳杆菌、乳球菌、嗜热链球菌等作为发酵剂来生产发酵乳制品，如酸乳、干酪、酸性酪乳、酸性奶油等。按理论值计算，1 分子葡萄糖可以生成 2 分子乳酸（同型发酵），但是，当乳中乳酸达到一定程度时（乳酸度达 0.8% ~ 1%时），即开始抑制乳酸菌自身的生长繁殖。因此，一般乳酸发酵时，乳中尚有 10% ~ 30%以上的乳糖不能被分解。

（二）酒精发酵（alcoho1 fermentaiton）

酵母菌是酒精发酵的典型代表，所谓酒精发酵，是指将葡萄糖分解为酒精和二氧化碳的过程。酵母菌在无氧条件下经 EMP（已糖二磷酸途径）将葡萄糖酵解产生丙酮酸，然后

丙酮酸脱羧生成乙醛，乙醛又经乙醇脱氢酶作用而被还原为乙醇。

$$C_6H_{12}O_6+2ADP+2H_3PO_4 \longrightarrow 2CH_3CH_2OH+2ATP+2CO_2+2H_2O$$

能够进行酒精发酵的菌种很多，除酵母外，还有多种霉菌，如毛霉、根霉、镰刀菌等均可发酵适宜碳水化合物而产生乙醇，但产生量少。在乳品工业中，一般很少单纯采用酵母的酒精发酵，大多数配合以其他菌种如乳酸菌来共同发酵生产具有醇香风味的发酵乳制品，如开菲尔（Kefir）、马奶酒（Koumiss）和乳清酒等。其发酵菌种主要有球拟酵母、假丝酵母、乳酸克鲁维酵母、脆壁酵母及某些霉菌等。

（三）丙酸发酵（propionic acid fermentation）

葡萄糖经过糖酵解途径生成的丙酮酸可羧化形成草酰乙酸，后者还原成琥珀酸，再经脱羧而产生丙酸。此外，少数丙酸菌还能以乳酸为底物、能源，通过发酵将其转变为丙酸。前者为琥珀酸-丙酸途径，后者为丙烯酸途径。这类发酵的特点是生成的终产物均为丙酸，故称之为丙酸发酵。

琥珀酸-丙酸途径：

$$\text{丙酮酸} \xrightarrow{CO} \text{草酰乙酸} \xrightarrow{2H} \text{苹果酸} \xrightarrow{-2H_2O\text{、}+2H} \text{琥珀酸} \xrightarrow{-2CO_2} \text{丙酸}$$

丙烯酸途径：

$$\text{L－乳酸} \xrightarrow{CoA} \text{2羟丙酰CoA} \longrightarrow \text{丙烯CoA} \longrightarrow \text{丙酰CoA} \longrightarrow \text{丙酸}$$

丙酸菌多见于动物胃肠道及乳制品中，其发酵产物除丙酸外，还有乙酸和二氧化碳。

丙酸发酵在干酪成熟中发挥着独特的作用。如瑞士干酪（Swiss cheese），由于丙酸发酵而使该干酪具有了典型的干酪风味和网眼状结构质地。在制备干酪中常用的发酵剂丙酸菌种为谢氏丙酸杆菌（*Prop.shermanii*）。

（四）丁酸发酵（butyric acid fermentation）

丁酸发酵除产生丁酸外，还可产生大量的二氧化碳和氢，由于这一发酵会使干酪风味变坏，产生异臭，且干酪质地因产气膨胀而破（断）裂，故被认为是乳品工业中一种有害的发酵类型。具有丁酸发酵过程的主要是一些专性厌氧的梭状芽孢杆菌（*Clostridium*），如丁酸梭菌（*C. butyricum*）、酪丁酸梭菌（*C.tyrobutyricum*）、生孢梭菌（*C.sporogenes*），在发酵过程中，葡萄糖先经EMP途径降解为丙酮酸，丙酮酸再转变为乙酰CoA，而乙酰CoA再经一系列反应生成丁酸、乙酸、二氧化碳和氢，其反应式如下：

葡萄糖 —EMP→ 丙酮酸 → 2乙酰CoA
2乙酰CoA ↓ 乙酰磷酸 → 乙酸
2乙酰CoA ↓ 乙酰乙酰CoA（→ CoA）
乙酰乙酰CoA ↓ β-羟丁酰CoA → 2,3-丁烯酰CoA → 丁酰CoA → 丁酸

丁酸梭菌（*C.butyricum*）对人无特定危害，可以耐受常规的巴氏杀菌，在 120 °C 加热 15 min 方可杀死。由于该类菌的生长可使成熟后期的干酪出现膨胀，即所谓“后期气体膨胀”（*Late gase blowing*），因此在干酪制作中，首先应加强原料乳的污染控制和设备的严格消毒。另外，在许多国家使用乳酸链球菌素（即 Nisin）、添加硝酸盐以及调整水分和盐分，或者使用产生乳酸链球菌素的乳酸菌作发酵剂等措施来控制这类芽孢杆菌的生长，防止干酪膨胀的发生。

（五）丁二酮发酵

丁二酮发酵是许多发酵乳制品中一个重要的生化反应过程。它是指某些微生物利用柠檬酸而经过发酵生成许多具有良好风味的小分子物质如双乙酰（丁二酮）等，从而改善产品的风味、口感。常见的菌种有丁二酮乳链球菌（*Str.diacetylactis*）、乳脂明串珠菌（*Leu. cremoris*）和蚀橙明串珠菌 （*citrororum*）等，具体反应式如图 2-1。

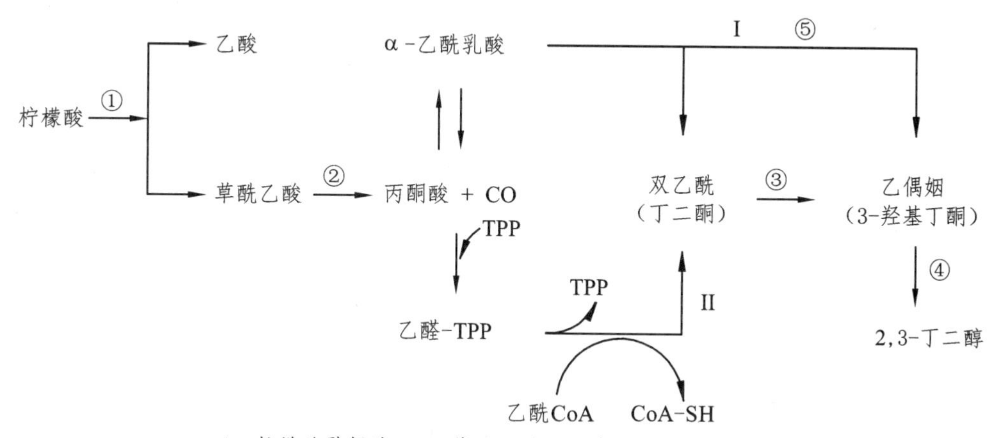

1—柠檬酸裂解酶；2—草酰乙酸脱羧酶；3—丁二酮还原酶；
4—乙偶姻还原酶；5—α-乙酰乳酸脱羧酶
I 途径：为非酶脱羧脱氢生成乙偶姻　II 途径：为酶反应途径

图 2-1　柠檬酸形成双乙酰途径

发酵乳制品良好的产品风味，正是上述发酵产物如双乙酰、乙醛、乙酸、乳酸、丙酸、乙醇等相关产物的相对平衡含量所决定的。某一产物的过分增多，都将会导致产品风味缺陷。

二、微生物的蛋白质水解与脂肪水解特性及其应用

（一）蛋白质的水解特性及其应用

蛋白质、氨基酸等含氮有机化合物是微生物常用的氮源。微生物在利用蛋白质时，首先通过胞外蛋白酶将蛋白质分解为蛋白胨、蛋白脲、多肽，并进而被细胞膜（壁）上的肽酶分解为氨基酸供菌体生长繁殖。微生物的这一蛋白水解特性可用于干酪生产中的干酪成熟过程以及其他发酵乳制品的成熟过程。乳酸菌是发酵乳制品如干酪、酸乳常用的发酵剂

菌种，它除了进行乳酸发酵而促进凝乳及增加产品风味，抑制其他有害菌生长外，也参与干酪的成熟过程，尤其是在成熟早期。乳酸菌蛋白水解力较弱，一般来讲，嗜热乳杆菌如保加利亚乳杆菌、瑞士乳杆菌和嗜酸乳杆菌的蛋白水解力高于乳球菌和嗜热链球菌。乳酸菌体在死亡裂解后，将胞内的蛋白酶、肽酶释放于干酪基质中，分解蛋白质而生成肽和氨基酸。此外，霉菌、短杆菌以及酵母具有较强的蛋白水解力。表面霉菌成熟型干酪属软干酪，如卡门培尔（Camembert）干酪，主要是由干酪表面生长的卡门培尔青霉（*Penicillium camemberti*）释放的蛋白酶不断向干酪内部渗透扩散，分解蛋白质，使产品的风味改善，质地变软而且成熟期较短；内部霉菌成熟型干酪，如青纹干酪（blue veined cheese），则是将罗奎福特青霉（*Penicillium roqueforti*）或 *P.glaucum* 的菌悬液在凝乳前或加盐时喷洒于乳基质或凝乳颗粒之间，再经多处穿孔使氧气透入干酪基质内，促使该霉菌的生长并发生显著的蛋白水解，促进干酪成熟。细菌表面成熟型干酪，如林堡干酪（Limburger），除了发酵剂菌株及凝乳酶的内部成熟外，其表面生长的扩展短杆菌（*Brevibacterium Linens*）具有很强的蛋白水解力，菌落生长致使干酪表面呈现棕红色；胞外蛋白酶逐渐扩散渗入中心而完成干酪成熟，因而，对于表面成熟的干酪一般要求体形小，使其表面积增大，以便加快成熟，同时也可避免表层因蛋白质过度分解而产生苦味肽及其他不良效果。硬质干酪如契达干酪（cheddar cheese），因水分含量低，质地致密，许多微生物均生长不良，因此，它的成熟涉及许多菌种如乳球菌、乳杆菌、明串珠菌、链球菌、微球菌等，是众多微生物及其酶共同作用的缓慢成熟过程。当然，在酸乳、Kefir 和马奶酒（Koumiss）等发酵制品中，适度的蛋白水解不仅能大大改善产品风味，同时还可增加产品的营养价值。

（二）脂肪的水解特性及其应用

一般细菌的脂肪水解力均较弱，而霉菌则有一定的脂肪水解力，可将脂肪水解为甘油及各种类型的脂肪酸。适度的脂肪水解是赋予发酵制品独特风味的必要过程，如采用脱脂乳制作的契达干酪，就没有该型干酪特有的风味。上述参与蛋白质水解的干酪成熟菌种均具有一定的脂肪水解力。此外，原料乳或设备中污染的一些营冷菌种，尽管在乳的杀菌过程中被灭活，但其释放的耐热性脂酶（heat-resistant lipases）却会在干酪中保持活性达 10 月之久，若保藏温度高或时间长时，则会出现脂肪过度水解而产生酸败现象。

第三章　发酵剂的选择及制备

第一节　发酵剂的种类及作用

发酵剂是指用于制造酸乳、开菲尔等发酵乳制品以及制作奶油、干酪等乳制品的细菌培养物。

一、发酵剂的种类

根据发酵剂的发展进程及其制作工艺，可以将发酵剂分天然型发酵剂、普通发酵剂（传统继代型发酵剂）、高效浓缩型发酵剂。

1. 天然型发酵剂

天然型发酵剂是利用原料乳中的微生物自然发酵而成的液体发酵产物，其优点是菌种复杂，易形成多种风味物质，使产品具有独特风味。但是由于存在太多不确定因素，发酵产物性质不易控制，而且其中的腐败细菌也会降低产品的贮藏稳定性。

2. 普通发酵剂

普通发酵剂又称为传统继代型发酵剂。其特点是：菌种纯正；发酵性能较为稳定，发酵条件易于控制；可通过改变菌种来控制不同风味和口感等。但此种发酵剂制备需要经过多级扩大培养，生产工序多、周期长、且菌种易退化。

普通发酵剂的生产一般分为 3～4 个阶段，其中用于制造目的的发酵剂称为工作发酵剂，为了生产工作发酵剂而预先制备的发酵剂称为母发酵剂或种子发酵剂。如果母发酵剂的量还不足以满足生产工作发酵剂的要求，则还需要经 1～2 步的扩大培养过程，这个中间过程的发酵剂称为中间发酵剂。工作发酵剂按照使用目的不同称为干酪发酵剂、奶油发酵剂和酸乳发酵剂等。发酵剂由特定的微生物出发，制造发酵剂的乳酸菌纯培养物称为商业菌种。

3. 高效浓缩型发酵剂

高效浓缩型发酵剂指不需要经过菌种活化、母发酵剂、中间发酵剂、生产发酵剂的逐级扩大培养过程而直接可以应用于生产的一类新型发酵剂。其主要优点是：活菌含量很高，活力高，能直接使用；可提高产品品质，易于控制生产工艺；经简单复水处理后可直接应用。高效浓缩型发酵剂根据制备工艺的不同，又可以分为高效浓缩型冷藏发酵剂和高效浓缩型干燥发酵剂。

发酵剂也可以按照菌种的最适生长温度、用途、使用的形态及菌种的构成分别进行分类。

（1）根据最适生长温度的不同可分为嗜温菌发酵剂（最适合生长温度 20～30 °C）和嗜热菌发酵剂（最适合生长温度 40～50 °C）。

（2）根据其用途的不同可分为干酪发酵剂、奶油发酵剂和酸牛乳发酵剂等。

（3）根据使用的形态不同可分为液状发酵剂和粉末发酵剂等。液状发酵剂是以全脂乳、脱脂乳、酪乳以及乳清等作为培养基的液状发酵剂；粉末状发酵剂是将液状发酵剂经低温干燥、喷雾干燥或冷冻干燥所获得的粉末状发酵剂，包括以砚粉繁殖的霉菌发酵剂。

（4）根据菌种的构成不同可分为单一发酵剂（单一菌种）或混合发酵剂（两种或两种以上菌种混合）。

二、发酵剂的作用

（一）乳酸发酵

应用乳酸菌使牛乳中的乳糖变成乳酸，这是使用发酵剂最重要的目的。由于乳酸发酵导致牛乳发生变化，如 pH 下降、产生凝固及酸味。pH 下降可防止杂菌的污染；由发酵和凝乳酶的共同作用使牛乳产生凝固和酸味，是发酵制品或加工处理中凝块生成的必要条件。

1. 制造干酪的乳酸发酵

其目的主要有：

（1）促进凝乳形成；

（2）使凝块收缩和乳清排除容易；

（3）防止加工及成熟时有害微生物的污染；

（4）使乳制品的质地和组织状态良好；

（5）为成熟过程中酶发挥作用提供合适的 pH 环境。

2. 奶油加工的乳酸发酵

其目的在于使 pH 下降，促进风味菌（明串珠菌）的发育及促进风味物质产生，同时赋予奶油制品以发酵风味。

3. 酸乳的乳酸发酵

其目的在于形成均匀一致的凝块，并产生特定的风味。

（二）风味的产生

添加发酵剂的目的之一是赋予乳制品以良好的风味。产生的风味物质，在广义上包含由于蛋白质及脂肪分解所产生的低级代谢产物。

风味物质产生的有关的重要代谢反应为柠檬酸分解。与此有关的微生物虽以明串珠菌为主，但链球菌及乳杆菌也起到一定的作用。产生风味的菌类使柠檬酸分解产生丁二酮、3-羟基-2-丁酮、2，3-丁二醇等 C_4 化合物和微量挥发酸、醇、醛等，其中对产生风味起重要作用的是丁二酮。特殊风味的形成受菌株和培养条件的影响很大，研究表明，培养基中添加柠檬酸、通风良好时对风味的形成起促进作用，中和培养基则起抑制作用。

明串珠菌、进行异型发酵的乳酸菌在乳制品的生产加工中均产生挥发性酸、醛、醇等，这些代谢产物也是重要的风味物质。已知乳链球菌可产生许多羰基化合物，与发酵剂的风味有关。奶油的风味成分为乙醛、甲基甲酮、多种伯醇和仲醇、直链脂肪酸的甲基或乙基酯以及硫化物等。

另外，一部分发酵剂通过使氨基酸脱氨基产生脂肪酸，或将脂肪酸脱去羧基产生甲基酮，这些产物均是重要的风味物质。

（三）蛋白分解

分解蛋白质的发酵剂，在干酪成熟上起着重要作用。由酪蛋白分解产生的肽和氨基酸，是成熟干酪的重要风味成分。蛋白质的分解作用主要与加入的发酵剂及成熟过程中部分外源微生物的蛋白酶活性有关，这些酶系因菌种而异，其蛋白水解作用的最适 pH 一般为中性或偏酸性。发酵剂在进行乳酸发酵的同时能促进酶的作用，此外，凝乳酶还具有促进干酪发酵剂中乳酸菌分解蛋白质的优点。

某些特殊的蛋白质分解，需考虑使用部分特殊的菌种，如使用亚麻短杆菌发酵砖状干酪及林堡干酪而使之成熟。为使这种干酪产生特有的表面皮膜及特异风味，也可考虑这些菌种与乳酸菌发酵剂混合使用。

（四）脂肪分解

脂肪分解能促进干酪成熟，特别适于霉菌干酪成熟，如娄地青霉菌就是利用其蛋白质分解作用而用于干酪发酵剂；解脂假丝酵母也被用作脂解发酵剂。部分乳酸菌（乳酸链球菌、干酪乳杆菌等）也有脂肪分解能力，可用于契达干酪的成熟。实际上使用发酵剂时，并非单纯以脂肪分解为目的添加，而是使用兼备乳酸发酵和蛋白分解性质的发酵剂。

（五）丙酸发酵

瑞士干酪发酵剂是以丙酸发酵为目的。丙酸菌可将乳酸菌产生的乳酸再分解为丙酸、醋酸、CO_2 及水，这些发酵产物与瑞士干酪特有的风味及干酪气孔的形成有关。与丙酸发酵相关的丙酸菌一般不作为发酵剂添加，而是利用成熟室中的丙酸菌进行成熟，也有预先把丙酸菌发酵剂和乳酸菌发酵剂混合在一起使用的。

（六）酒精发酵

酒精发酵乳如开菲尔乳是使用将乳糖发酵为酒精的酵母。酵母适合于在酸性条件下生长，所以一般与乳酸菌混合使用，乳酸菌使培养基的 pH 下降，既可以形成有利于酵母生长发育的环境，又可以防止杂菌的污染。

（七）产生细菌素

乳链球菌和乳油链球菌的部分菌株可分别产生乳链球菌素（Nisin）及双球菌素（Diplococcin）。这两种乳酸菌除乳酸发酵外，产生抗菌物质是其另一作用，可防止杂菌特别是丁酸菌的污染。但由于乳链球菌素对大肠菌无效，如在干酪制造过程中污染了大肠菌则会引起干酪早期膨胀；长期成熟的干酪如乳链球菌素失活，梭状芽孢杆菌孢子萌发亦会使干酪产生缺陷，故要求在生产上精心管理。

（八）混合发酵剂的共生与拮抗

发酵剂多使用两种或两种以上的混合菌。使用混合发酵剂的目的在于取不同菌种的长处，以制造质量优良的发酵剂；还有一个重要的目的，则是利用菌种间的共生作用。典型的例子如下：

（1）产酸慢的发酵剂与别的发酵剂混合作用。伊斯特（East）认为，混合发酵可提高菌的活性，其中个别菌株能产生热稳定的促进其他菌株发育的物质。已知乳链球菌与乳油链球菌共生可产生发育促进物质。

（2）使用乳链球菌与明串球菌的混合发酵剂作为奶油培养物的目的，在于前者的乳酸发酵可使 pH 下降，后者可提供产生风味的最佳条件；同时乳链球菌又可制造蚀橙明串珠菌发育促进物质即亚叶酸，从而促进后者的生长。

（3）制造瑞士干酪使用乳酸菌与丙酸菌的混合菌。丙酸菌将乳酸变为丙酸，也可减轻乳酸菌自身被乳酸的抑制作用。

（4）乳酸菌和氧化性酵母的混合发酵剂。氧化性酵母将乳酸分解为 CO_2 和水后，使酸度下降，有利于乳酸菌的进一步发育，在制瑞士干酪时，为此目的将白地霉和假丝酵母与乳酸菌混合使用。使用亚麻短杆菌与发酵性酵母组成的混合发酵剂制造砖状干酪或林堡干酪也是出于同样的目的。

此外乳链球菌也与嗜酸乳杆菌共生，且霉菌发酵剂与乳酸菌发酵剂混用，乳酸菌能使培养基的 pH 下降，促进霉菌的酶作用。酒精酵母与乳酸菌混用，乳酸菌使 pH 下降也可促进酵母的发育。但另一方面，如果混合发酵剂的组合不当，菌种间则可发生拮抗作用，从而使部分菌的活性受到抑制。

第二节 发酵剂的选择及贮藏

一、发酵剂的选择

菌种的选择对发酵剂的质量起着重要的作用,应根据不同的生产目的选择适当的菌种。要以产品的主要技术特性，如产香、产酸、产生黏性物质及蛋白水解能力等作为发酵剂菌种的选择依据。

（一）产酸能力

不同的发酵剂产酸能力会有很大的不同。判断发酵剂菌种产酸能力的方法有两种，即测定产酸曲线和进行酸度检测。产酸能力强的发酵剂在发酵过程中容易导致产酸过度和后酸化过强。生产中一般选择产酸能力中等的发酵剂为宜。

（二）后酸化

后酸化是指酸乳酸度达到一定值后，终止发酵，进入冷却和冷藏阶段仍继续缓慢产酸的过程。后酸化包括三个阶段：

（1）冷却过程产酸（指从发酵温度 42 °C 降至 20 °C 时酸度的增加），产酸能力强的菌种，此过程产酸量也较大，特别是冷却比较缓慢时；

（2）冷却后期产酸（指酸乳从 20 °C 降至 10 °C）；

（3）冷藏阶段产酸。

在任何情况下都应选择后酸化尽可能弱的发酵剂，以便于控制产品质量。

（三）产香性

与酸乳的特征风味相关的芳香物质主要是乙醛、丁二酮（双乙酰）、丙酮、3-羟基丁酮和挥发性酸。评价的方法有：

1. 感官评定

进行感观评定时应考虑样品的温度、酸度和存放时间对品评的影响，品尝时样品温度应为常温，因为低温对味觉有阻碍作用；酸度不能过高，因为酸度过高对口腔黏膜刺激过强可将香味完全掩盖；样品要新鲜，应为生产后 24 ~ 48 h 内的酸乳，因为此阶段是滋气味和芳香味形成阶段。

2. 挥发酸的测定

通过测定挥发酸的量来判断芳香物质的产生量。挥发性酸含量越高，意味着生成的芳香物质的含量越高。

3. 乙醛的测定

乙醛（主要由保加利亚乳杆菌产生）是酸乳的基本风味物质，不同的菌株产乙醛能力不同。因此，乙醛产生能力是选择优良菌株的重要指标之一。

（四）黏性物质的产生

发酵过程中产生的微量黏性物质，有助于改善酸乳的组织状态和黏度。特别是对固形物含量低的酸乳尤为重要。但一般情况下，产黏性菌株往往对酸乳的其他特性（酸度、风味等）会有不良的影响，因此选择这类菌株时，最好和其他菌株混合使用。

（五）蛋白水解活性

乳酸菌的蛋白水解酶活力一般较弱，嗜热链球菌的蛋白水解活性甚至可以忽略不计，而保加利亚乳杆菌表现出一定的蛋白水解活性，可产生大量的游离氨基酸和肽类。影响发酵剂蛋白水解活性的因素主要有：

1. 温　度

低温（如 3 °C 冷藏）时蛋白水解活性弱，常温时活性强。

2. pH

不同的蛋白水解酶具有不同的最适 pH 范围。pH 过高，易积累蛋白水解的中间产物，给产品带来苦味。

3. 菌种与菌株

嗜热链球菌和保加利亚乳杆菌的比例和数量会影响蛋白质水解的过程。不同菌株其蛋白水解活性也有很大的不同。

4. 时　间

贮藏时间的长短对蛋白水解作用有一定的影响。

发酵剂菌种的蛋白水解作用会对酸乳产生一些影响，如可刺激嗜热链球菌的生长产酸、增加可消化性，但也会带来产品新鲜度下降、出现苦味等负面影响。

二、发酵剂的贮藏

为保持有足够可利用的储备菌种，对组成发酵剂的菌种或发酵剂进行保存是十分必要的，这在生产加工时发酵剂失效的情况下显得尤为重要。而且菌种的连续的传代培养可能导致菌株变异，从而改变发酵剂的整体性能和组成菌株的一般特征，故应选择适宜方式对发酵剂及其组成菌株进行保存。用于制备发酵剂的菌种一般来自科研单位、高校、菌种保存组织或菌种供应商，发酵剂可采用下列形式之一进行保存：

（一）液体发酵剂

一般生产厂家普遍使用液体发酵剂。根据细菌的生长繁殖规律，连续的培养菌株会产生变异现象，如保加利亚杆菌和嗜热链球菌一般只能扩大培养 20～25 次，但干酪发酵剂（ Str.lactis、L.cremoris ）可扩大培养 50 次以上。

干酪发酵剂传代培养的方式为按 1%的接种量，于 22 °C 或 30 °C 分别培养 18 h 或 6 h。

酸乳发酵剂传代培养的方式为按 1%的接种量，于 30 °C 培养 16～18 h 或按 2%的接种量于 42 °C，培养 3～4 h。

用于乳酸菌纯培养物的液体保存，一般采用表 3-1 的培养基为好。

表 3-1 用于液态发酵剂或菌种保存的培养基

名　称	加入量
脱脂乳	10%～12% SNF（无脂乳固体）
5%石蕊溶液	2%
酵母浸膏	0.3%
葡萄糖/乳糖	1.0%
$CaCO_3$	须覆盖整个试管底部
Panmede（调节 pH 为 7）	0.25%
卵磷脂（调节 pH 为 7）	1.0%

注：培养基于 0.07 MPa 灭菌 10 min，在使用前，于 30 °C 培养 1 周检查灭菌效果。

（二）粉末发酵剂（干燥）

为克服液体发酵剂保存的困难，在有条件的情况下，可采用干燥方法保存发酵剂。

1. 喷雾干燥

喷雾干燥可得到粉末状发酵剂，但经干燥后发酵剂活力降低，一般活菌率只有 10%～50%。如在缓冲培养基中加入谷氨酸钠和维生素 C，在一定程度上可以保护细菌的细胞。

经喷雾干燥后发酵剂可在 21 °C 下贮存 6 个月，也可在浓缩脱脂乳中（18% ~ 24%总固体）加入维生素 B_{12}、赖氨酸和胱氨酸再进行接种培养，其中球菌与杆菌比例为 2∶3 或 3∶2，干燥温度 75 ~ 80 °C。

2. 冷冻干燥

此法可得到很好的效果。为避免在冷冻干燥工艺中损害细菌的细胞膜，可在冷冻干燥前加入一些低温化合物，使损害降到最低限度。这些保护物质通常是氢结合物或电离基团，它们在保存过程中通过稳定细胞膜的成分来保护细胞不受伤害。表 3-2 列举了在生产冷冻干燥发酵剂时对一些低温化合物的选择。

表 3-2　生产冷冻干燥发酵剂时使用的低温化合物

制备方法	试验的发酵菌
脱脂乳+1%胨化乳+10%蔗糖+发酵剂+凝乳酶脱脂乳+10%蔗糖+1%～2%谷氨酸钠	嗜热链球菌、保加利亚乳杆菌
乳（pH 调至 6.0～6.5）+添加剂（V_C、谷氨酸钠、天冬氨酸化合物）	乳酸发酵剂
脱脂乳（10%总固形物）+0.5%V_C+0.5%硫脲+0.5%氯化铵中悬浮洗涤细胞	乳链球菌、乳酪链球菌、丁二酮乳链球菌、嗜热链球菌、葡聚糖明串珠菌、保加利亚乳杆菌
5%酵母浸出液或 3%玉米水浸液十0.012%$MnSO_4$和 $ZnSO_4$+蔗糖或β-D-半乳糖苷酶增强的水解乳中培养的发酵剂	乳链球菌、乳脂链球菌、干酪乳杆菌、丁二酮乳链球菌
复原脱脂乳（10%固形物）中培养的发酵剂用缓冲液调 pH 至 6.9	乳链球菌、嗜热链球菌、保加利亚乳杆菌

根据生产实践，影响冷冻干燥乳酸发酵剂活力的因素有以下几方面：

① 除保加利亚杆菌对冷冻及干燥比较敏感外，大部分乳酸菌都能很好保存。

② 酵母浸出液和水解蛋白质添加到乳中，可提高发酵剂活力。

③ pH 在 5 ~ 6 范围内的培养基，对提高乳酸菌的活力有利。

④ 为确保发酵剂的活力，可随不同的菌种，改变培养基的添加物。如添加苹果酸钠的脱脂乳对嗜热链球菌较适合；乳糖和精氨酸水胶体溶液可对保加利亚杆菌、谷氨酸对明串珠菌起较大的保护作用。

⑤ 冷冻干燥发酵剂的水分含量不得高于 3%。

⑥ 在 5 ~ 10 °C 下贮藏的发酵剂与在室温下贮藏的发酵剂相比，不但活力高而且贮藏时间可大大延长。

⑦ 由于贮藏的发酵剂对氧比较敏感，因此应包装在密闭容器中。

（三）冷冻发酵剂

液体发酵剂（母发酵剂和中间发酵剂）在 – 20 ~ – 40 °C 的温度下冷冻，可贮藏数月，而且可直接作生产发酵剂使用。但在 – 40 °C 下冷冻和较长时间的贮藏都会导致杆菌的活力降低。如果使用含有 10%的脱脂乳、5%的蔗糖、0.9%的氯化钠或 1%明胶的培养基可以提高活力。此外，在 – 30 °C 下冷冻的发酵剂，在某些低温化合物（柠檬酸钠、甘油或β-甘油磷酸钠）的存在下对适中温的发酵菌和乳杆菌的活性有较大的保护作用。虽然在 – 40 °C 下冷冻已被证明是贮藏发酵剂的一个成功工艺，但在 – 190 °C 下的液氮中冷冻是更理想的方法。

菌种使用一段时间后应进行纯化，重新组合配比，以提高生成风味物质和生成酸的能力，使酸乳组织结构优化。

发酵乳菌种在培养及保存中受菌种比例、基质浓度、接种量及培养温度等综合因素的影响，其中以菌种配比影响较大。各因素之间存在着密切的关系，既相互制约又相互调节，生产者应根据测定结果灵活掌握其发酵条件。

（四）霉菌和 Kefir 粒的保存

对蓝霉和白霉通常采用冷冻干燥保存。干酪生产中所用的霉菌和乳酸菌的保存技术，一般方法为：在 pH 5.5 ~ 6.5 的乳中培养至 10^8 ~ 10^9 CFU/mL，再于 – 18 °C 冷冻。其中各种微生物的存活率以蓝霉最好，可达 100%；嗜热链球菌的存活率最低为 18%。

Kefir 粒通常以干燥或湿润状态保存。一种简单的方法是用水洗去多余的粒子，在室温下干燥。但保存不当可能造成干燥 Kefir 粒的污染，使 Kefir 粒中共生菌群的组成发生改变。冷冻干燥是一种较好的保存 Kefir 粒的方法，Kefir 粒中的微生物是以粉或小晶体的形式存在，经过 2 ~ 3 次传代培养以后，Kefir 粒开始在其生长的培养基中形成。另一种保存 Kefir 粒的方法是将洗涤后的 Kefir 粒悬浮于灭菌培养基中，在普通冷藏温度下可保存数月而没有任何活性损失，Kefir 粒仍能保持正常的形状和形态。

第三节　发酵剂的制备及质量控制

一、发酵剂的制备

发酵剂的制备是乳品厂中最困难也是最主要的工艺之一。因为现代化乳品厂加工量很大，发酵剂制备的失败会导致重大的经济损失，因此，厂家必须慎重地选择发酵剂的生产工艺及设备。发酵剂的制备要求极高的卫生条件，要尽可能把酵母菌、霉菌、噬菌体的污染危险降低到最低限度。母发酵剂应该在有正压和配备空气过滤器的单独房间中制备。对设备的清洗系统也必须仔细地设计，以防清洗剂和消毒剂的残留物与发酵剂接触而污染发酵剂。中间发酵剂和生产发酵剂可以在离生产近一点的地方或在制备母发酵剂的房间里制备，发酵剂的每一次转接最好在无菌条件下操作。虽然不同发酵剂的生产是有区别的，但整个生产工艺却大同小异，下面以酸乳发酵剂的生产为例加以介绍。

（一）制备发酵剂所需条件

1. 培养基的选择

培养基选择原则上应与产品原料相同或类似。通常选用脱脂乳、全乳或还原乳。用作培养基的原料乳必须优质、新鲜、无污染。

2. 培养基的制备

用作乳酸菌培养的培养基，必须预先杀菌，以消灭杂菌和破坏阻碍乳酸菌发酵的物质。常采用高压灭菌或间歇灭菌。高压灭菌条件为 25 MPa、30 min，间歇灭菌条件为 100 °C、30 min 连续 3 d 灭菌。工作发酵剂培养基一般采用 90 °C、60 min 或 100 °C、30 ~ 60 min 杀菌，因高温高压灭菌易使乳褐变和产生蒸煮味。

3. 菌种的选择

由于生产酸乳的品种及加工方法等不同，在使用两种或两种以上菌种时，要注意对菌种发育的最适温度、耐热性、产酸及产香能力等做综合性选择，必须考虑菌种间的共同作用，使之在生长繁殖中相互得益。

4. 接种量

接种量随培养基数量、菌的种类和活力、培养时间和温度等而异。一般按脱脂乳的 1% ~ 3%较合适，工作发酵剂接种量多采用 1% ~ 5%。

5. 培养时间和温度

培养时间和温度通常取决于微生物的种类、活力、产酸力、产香程度和凝结状态。

6. 发酵剂的冷却与保存

发酵剂以适当的培养达到所需的条件时，应迅速冷却并存放于 0 ~ 5 °C 的冷藏库中。发酵剂冷却速度因其数量而异。发酵剂在保存中其活力随保存温度、培养基的 pH 等而变化。

（二）工艺流程

母发酵剂、中间发酵剂及工作发酵剂的生产工艺流程如下：
新鲜或复原脱脂乳→热处理→冷却→接种→培养→冷却→贮藏

（三）发酵剂的调制方法

购买的商业菌种由于保存和寄送等因素影响，活力已减弱，需进行多次接种活化，以恢复其活力，活化后的菌种经培养，制成母发酵剂，再由母发酵剂扩大培养成中间发酵剂。最后，再经扩大培养，制成工作发酵剂，具体制作步骤如图 3 – 1。

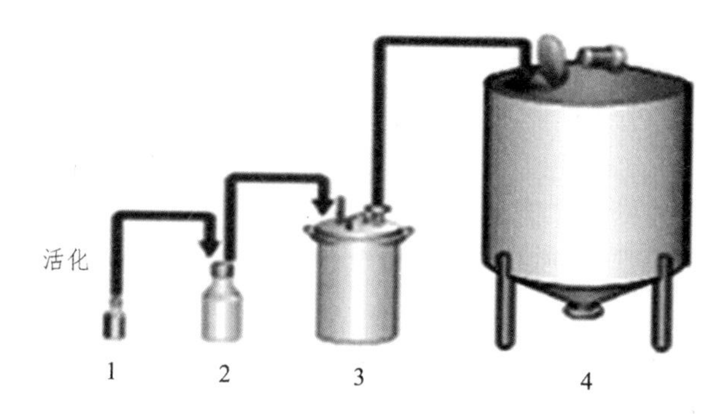

1—商业菌种；2—母发酵剂；3—中间发酵剂；4—生产发酵剂

图 3-1　发酵剂的制作步骤

1. 商业菌种（乳酸菌纯培养物）的活化及保存

通常购买或取来的商业菌种都装在试管或安瓿瓶中，由于活力比较低，需反复多次接种，以恢复其活力。

接种时先将装菌种的试管口用火焰灭菌，然后打开棉塞，用灭菌吸管从试管底部吸取2%～3%纯培养物（即培养在脱脂乳中的乳酸菌菌种），立即移入预先准备好的灭菌培养基中。根据采用菌种的特性，放入保温箱中进行培养。凝固后又取出 2%～3%，再按上述方法移入灭菌培养基中。如此反复数次，待乳酸菌充分活化后，即可调制母发酵剂。如新取到的发酵剂是粉末状时，将瓶口充分灭菌后，用灭菌铂耳取出少量，移入预先准备好的培养基中。在所需温度下培养，最初数小时徐徐加以振荡，使菌种与培养基（脱脂乳）均匀混合，然后静置使其凝固。再照上述方法反复进行移植活化后，即可用于调制母发酵剂。以上操作均需在无菌室内进行。

乳酸菌纯培养物的保存，如果单以维持活力为目的，只需将凝固后的菌种保存于 0～5 °C 冰箱中，每隔 1～2 周移植一次即可。但在正式应用于生产以前，仍需按上述方法反复接种进行活化。

2. 母发酵剂的调制

取新鲜脱脂乳 100～300 mL（同样两份）装入经预干热灭菌（170 °C、1～2 h）的母发酵剂容器中，以 121 °C、15～20 min 高压灭菌或采用 100 °C、30 min 进行连续 3 d 的间歇灭菌，然后迅速冷却至发酵剂最适生长温度（有时可略高 1～2 °C），用灭菌吸管吸取适量的纯培养物（约为培养母发酵剂用脱脂乳量的 2%～3%）进行接种后放入培养箱中，按所需温度进行培养。凝固后再移植于另外的灭菌脱脂乳中，如此反复接种 2～3 次，使乳酸菌保持一定的活力，然后再用于调制生产发酵剂。

3. 生产发酵剂（工作发酵剂）的调制

取实际生产量 2%～3%的脱脂乳，装入经预灭菌的生产发酵剂容器中，以 90 °C、30～

60 min 杀菌，并冷却至 25 °C 左右，然后无菌操作添加母发酵剂（生产发酵剂用脱脂乳量的 2%～3%），加入后充分搅拌，使其均匀混合，然后在所需温度下进行保温，达到所需酸度后即可取出贮于冷藏库中待用。

当调制生产发酵剂时，为了使菌种的生存环境不致急剧改变，生产发酵剂的培养基最好与成品的原料相同，即成品用的原料如果是脱脂乳时，生产发酵剂的培养基最好也用脱脂乳，如成品的原料是全乳，则生产发酵剂也用全乳。

二、发酵剂的质量控制

（一）感官检查

对于液态发酵剂，首先检查其组织状态、色泽及有无乳清分离等；其次检查凝乳的硬度；然后品尝酸味、风味以及有无苦味、异味等。

（二）发酵剂活力的测定

发酵剂的活力，可用乳酸菌在规定时间内产酸状况试验或色素还原试验来进行判断。

1. 酸度测定试验

在含有 10 mL 灭菌脱脂乳或复原脱脂乳（固形物含量 11.0%）的试管中接入 3%的待测发酵剂，42 °C（或 37.8 °C）培养 3.5 h，迅速从培养箱中取出试管，加入 20 mL 蒸馏水及 2 滴 1%的酚酞指示剂，用 0.1 mol/L NaOH 标准溶液滴定。活力按下式计算：

$$活力=\frac{消耗的0.1\text{mol/L NaOH}标准溶液体积（\text{mL}）\times 0.009}{10\times 牛乳相对密度}$$

好的酸乳发酵剂活力一般在 0.8 以上。

2. 刃天青还原试验

在 9 mL 脱脂乳中加入 1 mL 发酵剂和 0.005%刃天青溶液 1 mL，在 36.7 °C 的恒温箱中培养 35 min 以上，如完全褪色则表示活力良好。

（三）污染程度检查

在生产中对连续传代的母发酵剂进行定期的检查。

（1）纯度可用催化酶试验，粪便污染情况可用大肠菌群试验。

（2）检查是否污染酵母、霉菌。

（3）检查噬菌体污染情况等。

第四节 直投式发酵剂

直投式酵剂又称直接使用型发酵剂，是指不需要经过活化、扩增而直接应用于生产的一类新型发酵剂，它是将离心分离后高浓度的乳酸菌悬浮液，添加抗冻保护剂，经冷冻后，再在真空条件下升华干燥，制成干燥粉末状的固体发酵剂，为高效浓缩型干燥发酵剂。

与传统发酵剂（普通液体发酵剂）相比，其主要特点有：① 活菌含量高（10^{10}～10^{12} CFU/g）；② 保质期长，能够直接、安全有效地生产乳制品，大大提高了劳动生产率和产品质量，保障消费者的利益和健康；③ 接种方便，只需简单的复水处理，就可直接用于生产；④ 减少了污染环节，并能够直接、安全有效地生产乳制品，使发酵乳品的生产标准化，并减少了菌种的退化和污染；⑤ 菌种活力强，使接种量较传统人工发酵剂降低 100～1000 倍，菌株比例适宜。

基于在乳酸菌基础研究与应用开发方面的技术优势，西方发达国家对直投式发酵剂的研制和应用一直处于领先地位。国外发酵剂供应商能根据客户的需要，提供诸如发酵速度快、口感爽滑、后酸化弱、抗噬菌体等不同生产性能的酸奶发酵剂。与国外相比，我国在直投式乳酸菌发酵剂方面的研究和生产起步较晚。

2000 年之前，我国的发酵剂很大部分依赖进口，经过近年来的大力发展，江苏绿科生物技术有限公司、宜春强微生物科技有限公司、河北一然生物科技有限公司等可以生产发酵剂的公司相继成立，国产发酵剂也开始形成一定的规模，但总体而言相比国外还是比较落后。国内对乳酸菌发酵剂的研究相对落后主要体现在：（1）缺乏具有自主知识产权的性状优良的乳酸菌菌株；（2）高效富集培养技术不够成熟；（3）没有建立专业化、规模化的生产体系；（4）制备发酵剂的技术研究不够深入。

制备直投式发酵剂的关键之一是要获得乳酸菌大量生长的培养基，这种增殖培养基应具有如下特点：培养基应适合菌体的生长，且繁殖速度快，能在较短时间内得到大量的细胞菌体；培养基易于分离，成本低廉，使用的原材料最好能反复利用，且容易获取；培养基缓冲能力强，能很好地降低培养过程中乳酸对菌体的抑制作用。

一、直投式发酵剂制备的工艺流程

直投式发酵剂制备的工艺流程见图 3-2。

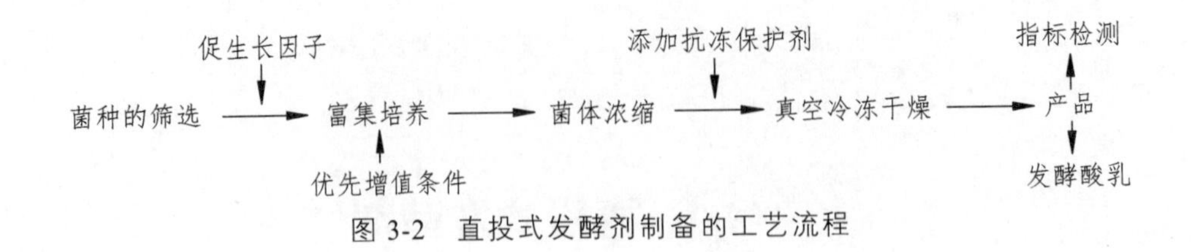

图 3-2　直投式发酵剂制备的工艺流程

二、直投式发酵剂制备的工艺要求

（一）菌种的选择

优良乳酸菌菌株的选择是制备浓缩型发酵剂的基础。乳酸菌发酵剂的传统构成菌是由嗜热链球菌和保加利亚杆菌组成的。为了改善风味，提高保健作用，也可以在传统菌株的基础上添加嗜酸乳杆菌、双歧杆菌或同时追加这两种菌，制成现代新型的酸乳制品。此外还可以在混合菌株中添加明串珠菌、丁二酮乳链球菌等，可提高酸乳中B族维生素的含量并对香味的形成起到良好的作用。

通常可以采用以下几种指标进行菌株的评价和选择：如发酵酸乳组织状态等感官评价、发酵产酸性、产香特性、菌种活力、后熟特性、产黏特性以及蛋白分解力、抗噬菌体作用、菌株间的共生拮抗作用等，选出最佳菌种组合，以利于进一步的菌种大量富集培养。

（二）生长培养基及促生长因子

提高单位体积或单位质量内活菌数的另一关键条件是要获得乳酸菌大量生长的培养基，它是制备直投式乳酸菌发酵剂的前提。适合于工业化生产的培养基原料除了必须满足微生物的营养及工艺要求外，还应具备来源丰富、价格低廉、菌体产量高、易保持菌株平衡、容易浓缩分离细胞、适当提高抗冻性、运输方便和无毒性等特点。

生长培养基一般选择脱脂乳为基础培养基，辅以其他促生长因子或添加一些缓冲盐类制备而成。由于乳酸菌的酶系相对较单纯，不能合成多种氨基酸、维生素和生长因子，因此它们对营养物质的要求极为复杂。为使乳酸菌能正常地生长和繁殖，除供给能发酵的碳水化合物以外，还必须补充其自身不能合成的营养物质，如能源、碳源、氮源、维生素、矿物质及其他促生长因子等。通常能提供碳源的物质包括乳糖、麦芽糖、蔗糖、葡萄糖、乳清粉等，能提供氮源的物质包括脱脂乳粉、酪蛋白水解物、大豆蛋白水解物、乳清蛋白水解物、肝脏浸提物等，能提供维生素和矿物质的经典成分为B族维生素和酵母粉等。此外还可添加一些还原剂如抗坏血酸；还可添加抑制噬菌体的成分，如磷酸盐或柠檬酸盐类。

（三）菌体富集培养

乳酸菌在富集生长培养的过程中，代谢乳糖产生大量有机酸类，其中主要是乳酸。随着发酵进程的继续，乳酸含量逐渐增加，导致培养基的酸度升高，乳酸菌的繁殖受到抑制甚至死亡，所以普通发酵剂最高菌数一般仅达 $10^7 \sim 10^8$ CFU/g。制备直投式乳酸菌发酵剂首先需获得高浓度的细胞培养物，因此必须对乳酸菌进行富集培养。即在乳酸菌培养过程中，采取措施降低乳酸菌代谢产物对乳酸菌细胞生长的抑制作用，通过追加营养物质、排除代谢产物、调节 pH 等适当措施，解除代谢产物乳酸对细胞生长的抑制作用，延长乳酸菌的对数生长期，提高乳酸菌细胞的产率和培养液中乳酸菌细胞的浓度，从而获得较高浓度的细胞培养物。

主要的菌体富集培养方法有以下几种。

1. 离心法

此法是将初步制得的乳酸菌液体浓缩物，进行离心分离，使菌体沉淀以便收集菌体细胞。但这种方法在一定程度上可造成菌体细胞的机械损伤，降低发酵剂在保存期的存活率和活性，所以目前较少单独使用，一般与其他方法配合使用。

2. 恒定 pH 培养法

这种方法使用间歇式或连续式发酵罐培养乳酸菌，维持培养液的 pH 在 5.5 ~ 6.0，延长培养时间，制备含活菌数高的培养液。在培养过程中，可以使用化学中和法或缓冲盐法以维持 pH 稳定。但此法缺点是对菌的形态有一定的影响，且不易进行离心分离，故生产上很少单独应用。

3. 膜渗析法

用膜渗析系统来生产直投式乳酸菌发酵剂是目前最先进的方法。这种方法是利用膜的选择性，将培养液与营养液进行成分交换，从而使培养液中的乳酸被部分渗出，营养液中的成分渗入培养液中以维持乳酸菌的生长繁殖。这种方法能使菌体浓度超过其他一切方法，无需离心过程，菌体浓度一般大于 10^{11} cfu/g。

4. 超滤法

此法是指采用超滤与化学中和法相结合的方法。在培养前期时以化学中和法为主，发酵培养后期（约 8 h 以后）开始进行超滤。在一个能连续搅拌的发酵罐上连接一套超滤装置，进行乳酸菌的培养，用超滤法移去代谢产物，以不加营养液的交替式实现长时间培养。使用此方法可使乳酸菌的活菌数比传统培养法提高 9 倍以上。

（四）菌体细胞的分离浓缩

菌体细胞的分离收集主要有超滤和离心两种方法，超滤优于离心，但离心与超滤相比，其具有操作简便和不易污染等优点，因而离心比超滤应用普遍。但在离心过程中，由于离心的机械作用、温度和基质 pH 值等因素的影响，可造成部分菌体细胞死亡；同时部分菌体残留在上清液中而损失。因此，如果离心工艺掌握不当，可造成菌体死亡率和损失率增加，使活菌收率大大降低，直接导致发酵剂活菌量下降。

（五）真空冷冻干燥

乳酸菌种经液体增殖培养、离心浓缩后，可通过冷冻、低温冷冻、超低温冷冻等方法保存或经一定的方式进行干燥制成浓缩性干燥发酵剂。真空冷冻干燥方法具有其他保存方法无法比拟的优点，从而得到越来越广泛的应用。但由于菌体细胞周围环境的突然改变，微生物经受一系列物理、生化方面的变化，必然影响着细胞生物的存活率，特别是保加利亚乳杆菌对低温处理比较敏感。

提高细菌冻干存活率的方法很多，其中最重要的一是冻干保护剂的应用；二是在增殖培养基中添加某些强化物质，如吐温 80、油酸、钙离子等，从而增加细胞的抗冷冻干燥能力。

冷冻保护剂可分为两类：一种是分子量较小的渗透性保护剂，如氨基酸、有机酸、低分子的糖类和糖醇类等。小分子量保护剂不仅能存在于细胞表面，而且能渗透到细胞内部，可有效防止在冷冻过程中细胞形成冰晶而损伤菌体。另一种是分子量较大的非渗透性保护剂，如蛋白质、多糖、聚乙烯吡咯烷酮和其他的合成聚合物等。大分子量保护剂是在发酵剂冻干时降低其细胞外溶质浓度，使溶液处于一个过冷状态，保护发酵剂免受离子浓缩而产生的细胞损伤。所以将合适的大分子和小分子保护剂配合使用，能在发酵剂干燥和保存期间维持较高的细胞存活率。

第四章　酸乳及其制品

第一节　酸乳的概念及分类

一、酸乳的定义

根据联合国粮食及农业组织（FAO）、世界卫生组织（WHO）与国际乳品联合会（IDF）1977年的定义，酸乳是指在添加（或不添加）乳粉（或脱脂乳粉）的乳中（杀菌乳、浓缩乳），由于保加利亚乳杆菌和嗜热链球菌的作用进行乳酸发酵制成的凝乳状产品，成品中必须含有大量的、相应的活性微生物。酸乳制品在欧盟中并无统一规定，酸乳产品也因国家不同而异，这种差异主要表现在原料、菌种种类、菌种活力及产品命名等方面。

食品安全国家标准发酵乳（GB19302-2010）中规定，酸乳是以生牛（羊）乳或乳粉为原料，经杀菌、接种嗜热链球菌和保加利亚乳杆菌（德氏乳杆菌保加利亚亚种）发酵制成的产品；发酵乳是以生牛（羊）乳或乳粉为原料，经杀菌、发酵后制成的 pH 值降低的产品；风味酸乳是以 80%以上生牛（羊）乳或乳粉为原料，添加其他原料，经杀菌、接种嗜热链球菌和保加利亚乳杆菌（德氏乳杆菌保加利亚亚种）发酵前或后添加或不添加食品添加剂、营养强化剂、果蔬、谷物等制成的产品；风味发酵乳是以 80%以上生牛（羊）乳或乳粉为原料，添加其他原料，经杀菌、发酵后 pH 值降低，发酵前或后添加或不添加食品添加剂、营养强化剂、果蔬、谷物等制成的产品。但由于酸乳最初出现时，其名是与发酵乳混用的，同时消费者对酸乳与发酵乳是不加以区分的，因此通常把 GB19302-2010 中规定的发酵乳统称酸乳，本章中所说的酸乳严格意义上是指发酵乳。

二、酸乳的分类

根据成品的组织状态、口味、原料中乳脂肪含量、生产工艺和菌种的组成，通常可以将酸乳分成不同种类。

（一）按成品的组织状态分类

1. 凝固型酸乳（Set Yoghurt）

这类酸乳的发酵过程是在包装容器中进行的，因此成品呈凝乳状。

2. 搅拌型酸乳（Stirred Yoghurt）

这类酸乳是发酵后再灌装而成。发酵后的凝乳在灌装前和灌装过程中搅碎而成黏稠状组织状态。另外，国外有一种基本组成与搅拌型酸乳相似，但更稀且可直接饮用的制品，称为饮用酸乳（Drinking Yoghurt）。我国现已有类似的饮用酸乳。

（二）按成品风味分类

1. 天然纯酸乳（Natural Yoghurt）

这类酸乳只是在原料乳加菌种发酵而成，不含任何辅料和添加剂。

2. 加糖酸乳（Sweeten Yoghurt）

加糖酸乳是由原料乳和糖混合后加入菌种发酵而成。

3. 调味酸乳（Flavored Yoghurt）

调味酸乳是在天然酸乳或加糖酸乳中加入香料而成。

4. 果料酸乳（Yoghurt with Fruit）

果料酸乳是由天然酸乳与糖、果料混合而成。

5. 复合型或营养型酸乳（Compound Yoghurt or Nutritional Yoghurt）

这类酸乳通常是在酸乳中强化不同的营养素（如维生素、食用纤维素等）或在酸乳中加入不同的辅料（如谷物、干果等）而成。这种酸乳在西方国家非常流行，常在早餐中食用。

（三）按原料中脂肪含量分类

据 FAO / WHO 规定，全脂酸乳中脂肪含量为 3.0%，部分脱脂酸乳为 0.5%～3.0%，脱脂酸乳为 0.5%，酸乳非脂乳固体含量为 8.2%。有些国家还有一种高脂酸乳，其脂肪含量一般在 7.5%左右，例如法国的一种叫作希腊酸乳（Greek Yoghurt）的产品就属于这一类。

（四）按菌种种类分

1. 酸　乳

酸乳通常指仅用保加利亚乳杆菌和嗜热链球菌发酵而成的一类产品。

2. 双歧杆菌酸乳

这类酸乳中含有双歧杆菌和其他乳酸菌，如法国的“Bio”、日本的“Mil-Mil”。

3. 嗜酸乳杆菌酸乳

这类酸乳中含有嗜酸乳杆菌和其他乳酸菌。

4. 干酪乳杆菌酸乳

这类酸乳中含有干酪乳杆菌和其他乳酸菌。

我国目前主要生产的酸乳分为两大类：凝固型酸乳和搅拌型酸乳。在此基础上还可添加果料、蔬菜或中草药等制成风味型和营养保健型酸乳。

第二节 酸乳生产所用原料

酸乳生产所用原料主要是原料乳、乳粉、甜味剂、稳定剂、发酵剂、香精、果料等。原料质量的优劣直接关系到产品品质，为此在生产前选择适当、优质的原料是十分必要的。

一、原料乳

我国市场上的酸乳主要以牛乳为原料。原料乳要求符合我国现行原料乳标准，还必须满足以下要求：

（1）原料乳中总乳固体不低于 11.5%，其中非脂乳固体不低于 8.5%；

（2）原料乳中的总菌数控制在 500 000 cfu/mL 以下；

（3）不得使用含有抗生素或残留有效氯等杀菌剂的鲜乳，抗菌物质检查应为阴性，一般乳牛注射抗生素后 4 天内所产的乳不得使用，因为常用的发酵剂菌种对抗生素和残留杀菌剂、清洗剂非常敏感，乳中微量的抗生素都会使乳酸菌不能生长繁殖；

（4）不得使用患有乳腺炎的牛乳，否则会影响酸乳的风味和蛋白质的凝胶力。

二、乳　粉

我国目前尚无酸乳配料用的乳粉的标准。Davis（1981）建议是许多国家采用的标准，如表 4-1 所示。

表 4-1　酸乳用乳粉的质量标准

<table>
<tr><td rowspan="2"></td><td colspan="3">微生物标准 /（cfu / g）</td><td>物理化学标准</td></tr>
<tr><td>满意</td><td>可疑</td><td>不满意</td><td rowspan="8">酸度：复原脱脂乳粉（9%TS）
乳酸度：≤0.15%
溶解度：10 g 脱脂乳粉于溶解指数管中沉淀物≤0.5 mL
水分：≤3.5%
脂肪：≤1.25%
抗生物质：≤0.02 IU/g</td></tr>
<tr><td>喷雾干燥乳粉</td><td><1 万</td><td>1 万～10 万</td><td>>10 万</td></tr>
<tr><td>大肠菌</td><td><10</td><td>10～100</td><td>>100</td></tr>
<tr><td>酵母</td><td><10</td><td>10～100</td><td>>100</td></tr>
<tr><td>霉菌</td><td><10</td><td>10～100</td><td>>100</td></tr>
<tr><td>葡萄球菌
（凝固酶阳性）</td><td><10</td><td>10～100</td><td>>100</td></tr>
<tr><td>滚筒干燥乳粉</td><td><1 000</td><td>1 000～1 万</td><td>>1 万</td></tr>
</table>

三、甜味剂

在酸乳中加入甜味剂的主要目的是减少酸乳特有的酸味感觉，使其口味更柔和，更易被消费者所接受。甜味剂的用量取决于以下因素：① 所用水果的类型、含量、酸度；② 所用甜味剂的类型；③ 顾客喜好、经济考虑、法律要求；④ 对发酵剂微生物的抑制作用。

蔗糖和葡萄糖是酸乳生产中最常用的甜味剂，另外也采用其他一些甜味剂，如麦芽糖、半乳糖和果糖等。我国的酸乳生产中主要使用蔗糖，蔗糖应符合 GB317-1984 标准。出于经济上的考虑，蔗糖可以在发酵之前加入，在此阶段加入蔗糖还能抑制耐渗透压的酵母和霉菌。但由于渗透压和水分活度与抑制发酵剂微生物相关，尤其是保加利亚乳杆菌对此比较敏感，因此当糖质量浓度高于 70 g/L 时要特别注意。通常建议蔗糖的使用量最好不超过 10%。

在低热量酸乳的生产中，一般多选用不产热量的甜味剂，例如天门冬酰苯丙氨酸甲酯、环磺酸盐、糖精。环己基氨基磺酸钠的甜度是蔗糖的 30 ~ 80 倍，糖精的甜度是蔗糖的 240 ~ 350 倍，一般应在发酵后加入这些甜味剂。有研究表明，添加 0.1%的糖精可能会对发酵剂微生物存在潜在的抑制作用。

近年来在供运动员用的营养酸乳中常加入果糖。还有一些天然甜味剂如今也应用得越来越多，如果葡糖浆、甜味菊苷、葡萄糖和阿斯巴甜等。

四、发酵剂菌种

根据 FAO 关于酸乳的定义，酸乳中所用的特征菌为嗜热链球菌与保加利亚乳杆菌。但目前在生产中常加入其他一些乳酸菌，如双歧杆菌、嗜酸乳杆菌和瑞士乳杆菌等。嗜热链球菌与保加利亚乳杆菌之间的比例及其他乳酸菌的加入量均会直接影响酸乳成品的风味和质地。

嗜热链球菌与保加利亚乳杆菌在乳中相互作用，两者互利，是共生关系。一般认为，乳蛋白经保加利亚乳杆菌作用后释放出的游离氨基酸和肽类对嗜热链球菌的生长有促进作用；反过来，经嗜热链球菌作用产生的甲酸或 CO_2 又能促进保加利亚乳杆菌的生长。

大多数酸乳中球菌和杆菌的比例为 1∶1 或 2∶1。杆菌比例不允许占优，否则酸乳的酸度太强。影响球菌和杆菌比例的因素之一是培养温度，在 40 °C 时两者的比例大约为 4∶1，而 45 °C 时约为 1∶2（见图 4-1）。在酸乳生产中，以 2.5% ~ 3%的接种量和 2 ~ 3 h 的培养时间，要达到球菌和杆菌 1∶1 的比例，最适接种和培养温度为 43 °C。

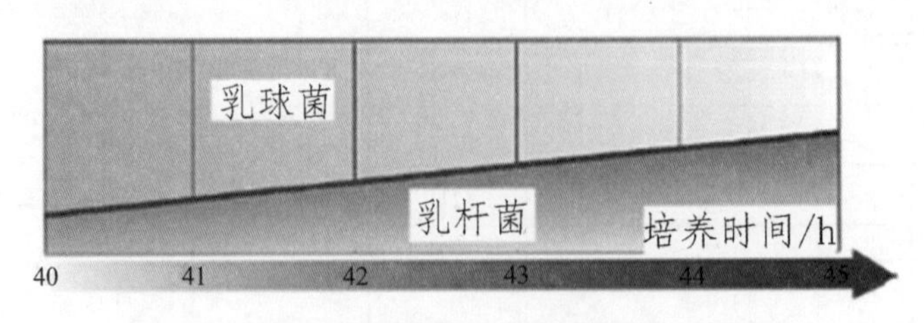

图 4-1 培养温度对杆菌与球菌数量的影响

五、果　料

目前市场上果料酸乳越来越受到消费者的欢迎，果料酸乳中常添加的是糖浆状、加工过的或是酱状的水果或浆果。果料可在包装的同时与酸乳混合，也可以在包装前先加入包装容器的底部后再加入酸乳。选用果料时应注意以下几点：

（一）干物质含量

果料中干物质的含量可以在 20%~68%，较低的干物质含量有助于果料与酸乳的混合，但需使用增稠剂以防止在大包装中果粒的漂浮。

（二）果料加入比例

果料酸乳中的果料加入比例由该果料酸乳的具体特征决定，我国果料酸乳的果料加入量通常为 6%~10%，国外一般在 12%~18%。

（三）pH

果料的 pH 应接近酸乳的 pH，以防因果料的混入而影响酸乳的质量。此外，果料的含糖总量直接影响成品的甜度，选用时必须从总体上予以考虑。

（四）果料质地

果料质地通常用黏稠度来衡量。用于酸乳中的果料通常较稠，具体黏稠度由所用设备和成品特征要求决定。

（五）果料的卫生指标

果料的卫生指标应严格加以控制。国外常用的果料及其他配料（包括巧克力等）微生物标准见表 4-2。

表 4-2　果料和其他配料的微生物标准

项　目	菌落数　个/g	项　目	菌落数　个/g
果料（果酱）		其他配料（包括巧克力等）	
霉菌	<10	霉菌	<10
酵母	<1	酵母	<10
大肠菌	阴性	大肠菌	阴性
菌落总数	<1 000	菌落总数	<2 000

六、添加剂

（一）稳定剂和乳化剂

正常情况下，天然酸乳不需要添加稳定剂，因为它会自然形成具有高黏度的、结实的、稳定的胶体；在果料酸乳里可加稳定剂，而巴氏灭菌的酸乳则必须添加稳定剂。FAO／WHO允许在酸乳中应用的多种稳定剂和乳化剂，如表 4-3 所示。在酸乳中使用稳定剂和乳化剂的主要目的有以下几点：

（1）加工过程中保持黏度和提高产品的最终黏度；

（2）改善产品的结构和质构；

（3）有助于防止乳清分离，尤其是在贮藏和运输过程中发生的乳清分离；

（4）有助于水果颗粒悬浮，同时改善奶油感和口感。

表 4-3 FAO／WHO 允许在酸乳中应用的添加剂

天然胶类		改性胶类		合成胶类
植物胶类	渗出液	纤维素衍生物（1）	CMC	多聚体
	阿拉伯胶（1，3）		甲基纤维素	聚乙烯衍生物
	黄芪胶（1）		羟基纤维素	
	卡拉胶		羟丙基纤维素	
	果胶（2，3）		微晶纤维素	
植物籽粉	洋槐胶（1）	微生物发酵产物	葡聚糖	
	瓜尔豆胶（1）		黄原胶（1）	
海草类	琼脂（2，3）	其他衍生物	丙二醇海藻盐	
	藻酸盐（1，2，3）		预明胶化淀粉	
	角叉胶（2，3）		改性淀粉	
	红藻胶（1，2，3）		羧甲基淀粉	
谷物淀粉类	小麦淀粉		羟基淀粉	
	玉米淀粉		羟丙基淀粉	
动物类	明胶			
	酪蛋白			
蔬菜类	大豆蛋白			

注：1. 除果胶、明胶、淀粉添加量为 10 g/kg 外，其余允许的最大添加量为 5 000 mg/kg。

2. 括号中的 1、2、3 分别指增稠剂、胶凝剂和稳定剂。

生产中为了得到最佳的效果，在使用稳定剂时要考虑它的可溶性、溶解度、凝固性和不同温度下的稳定特性。稳定剂浓度过低不能达到满意的效果，过高和不合适的用量又会导致不良的外观和质构（口感、表面光泽、弹性），所以必须仔细选择合适的添加量。

（二）风味剂

风味剂在不同国家有不同的允许添加种类。常见的酸乳用风味剂见表 4-4。

表 4-4　酸乳用风味剂

风味	特征化合物	重要的风味化合物	重要的合成化合物
杏味	—	γ-癸内酯 γ-辛内酯 沉香醇 3-甲基丁酸	γ-十一内酯
香蕉味	3-甲基丁基乙酸	戊基乙酸盐 戊基丙酸盐 丁香酚	—
越橘味	—	2-乙基-3-甲基丁酸盐 反-2-乙烯	—
葡萄味	甲基邻氨基苯甲酸	辛醛	—
葡萄柚味	黄柏素	癸醛	—
甜瓜味	顺-6-壬烯醛	γ，δ-癸内酯	—
桃子味	—	γ-十二内酯	γ-十一内酯
梨味	甲基、乙基-反-2 顺-4-癸二烯酸盐	—	—
李子味（梅子）	—	乙基乙酸盐 丁基乙酸盐 已基乙酸盐 γ-辛内酯 γ-癸内酯 苯甲醛 沉香醇 2-苯乙醇 （肉）橘酸苯乙酯	—
木莓味	1-（ρ-羟基苯）-3-丁酮	顺-3-已醇 布拉斯李酯 α，β-紫罗兰酮	—
草莓味	—	甲基、乙基已酸盐 甲基、乙基丁酸盐 顺-3-已醛	乙基、3-甲基 3-苯基缩水甘油酸酯

（三）色　素

色素经常与风味剂一起添加到酸乳中。在凝固型酸乳的生产过程中，可以在灌装时加到零售容器内或者直接加到乳中。表 4-5 列出了 FAO/WHO 允许添加的色素。

表 4-5　FAO/WHO 允许添加的色素

色素名称	颜色指数	最大允许量/mg · kg^{-1}
柠檬黄	19 140	18
日落黄 FCP 或橘黄 S	15 985	12
胭脂红或胭脂红酸	75 470	20
蓝光酸性红或偶氮已红	14 720	57
胭脂红 4R 或胭脂红 A	16 255	48
赤藓红 BS	45 430	27
靛蓝二黄酸或靛蓝	73 015	6
绿 S 或酸亮绿 BS 或利萨明绿	44 090	2
焦糖（色）	—	150
黑 PN 或亮黑 BN	28 440	12
甜菜苷	—	250
巧克力褐色 FB	—	30
红 2G	18 050	30
FD 和 C 蓝 No.1（亮蓝 FCF）	42 090	—

（四）防腐剂

某些单一的防腐剂用在酸乳中时，有的是在发酵之前直接加入乳中，有的是加到果料中。最常用的防腐剂有山梨酸钾、苯甲酸钠和二氧化硫。山梨酸及其钾盐主要用于抑制酵母菌和霉菌，对发酵剂微生物的作用不明显；二氧化硫加到水果辅料中是为了保鲜。很多国家对允许用于酸乳中的防腐剂的用量都有限制。如在英国，某些防腐剂允许用于果料酸乳，但不允许用于天然酸乳，具体见表 4-6。

表 4-6　英国果料酸乳中允许使用的防腐剂

名称	用量	名称	用量
二氧化硫	≤60 mg/kg	4-乙基-羟基苯甲酸盐	≤120 mg/kg
苯甲酸	≤120 mg/kg	4-丙基-羟基苯甲酸盐	≤120 mg/kg
4-甲基-羟基苯甲酸盐	≤120 mg/kg	山梨酸	≤300 mg/kg

第三节 普通酸乳的生产工艺及要求

一、凝固型酸乳的生产工艺及要求

（一）工艺流程

凝固型酸乳的生产工艺流程见图 4-2。

原料乳——►净乳——►标准化（按要求进行脂肪标准化）——►配料（添加稳定剂、糖等）——►预热——►均质——►杀菌——►冷却——►接种——►灌装——►发酵——►冷却——►冷藏后熟

图 4-2 凝固型酸乳的生产工艺流程

（二）工艺要求

1. 原料乳的质量要求

凝固型酸乳的原料乳质量比一般乳制品原料乳要求高，应选用符合质量要求的新鲜乳、脱脂乳或再制乳为原料，牛乳不得含有抗生素、噬菌体、CIP 清洗剂残留物或杀菌剂。因此乳品厂对用于制作酸乳的原料乳要经过选择，并对原料乳进行认真的检验。

2. 标准化

根据 FAO/WHO 准则，牛乳的脂肪和干物质含量通常都要标准化。

酸乳的含脂率范围可以在 0%～10%的范围内，而 0.5%～3.5%的含脂率是最常见的，FAO/WHO 的要求为：普通酸乳最小含脂率 3%；部分脱脂酸乳最大含脂率<3%，最小含脂率>0.5%；脱脂酸乳最大含脂率 0.5%。

根据 FAO/WHO 标准，要求最小非脂乳固体含量为 8.2%。总干物质的增加，尤其是蛋白质和乳清蛋白比例的增加，将使酸乳凝固得更结实，乳清也不容易析出。对干物质的标准化最常用的方法是：蒸发（经常蒸发掉占牛乳体积的 10%～20%水分）；添加脱脂乳粉，通常为 3% 以上；添加炼乳；添加脱脂乳的超滤剩余物。

3. 配　料

国内生产的酸乳一般都要加糖，加入量一般为 4%～7%。加糖的方法是先将原料乳加热到 50 °C 左右，再加入砂糖，待完全溶解后，经过滤除去杂质，再加入标准化乳罐中，生产凝固型酸乳一般不添加稳定剂，但如果原料乳质量不够好，可考虑适当添加。

4. 均　质

均质的目的主要是为了阻止奶油上浮，并保证乳脂肪均匀分布。即使脂肪含量低，均质也能改善酸乳的稳定性和稠度。一般均质压力和温度应分别为 20～25 MPa 和 65～75 °C。

5. 杀菌及冷却

杀菌的目的有以下几点：① 杀灭原料乳中的微生物，特别是致病菌；② 形成乳酸菌生长促进物质，破坏乳中存在的阻碍乳酸菌生长的物质；③ 除去原料乳中的氧及由于乳清蛋白的变性而增加的-SH，从而使氧化还原电位下降，助长乳酸菌的生长；④ 使乳清蛋白变性膨润，从而改善酸乳的硬度和黏度，并阻止水分从变性酪蛋白凝聚成的网状结构中分离出来；⑤ 杀菌后，乳中原本存在的酶失活，使发酵过程成为单一乳酸菌的作用过程，易于控制生产。

采用 90 ~ 95 °C、5 min 的杀菌条件效果最好，因为在这样的条件下乳清蛋白变性 70% ~ 80%，尤其是主要的乳清蛋白β-乳球蛋白会与 K-酪蛋白相互作用，使酸乳成为一个稳定的凝固体。

杀菌结束后，按接种的要求温度进行冷却并加入发酵剂。例如，采用保加利亚乳杆菌和嗜热链球菌的混合发酵剂时，可冷却到 43 ~ 45 °C；如用乳链球菌作发酵剂时，可冷却到 30 °C。此时可加入适量的香料。

6. 接　种

接种前应将发酵剂充分搅拌，使凝乳完全破坏。接种是造成酸乳受微生物污染的主要环节之一，因此应严格注意操作卫生，防止霉菌、酵母、细菌噬菌体和其他有害微生物的污染，特别是在不采用发酵剂自动接种设备的情况下更应严格注意操作卫生。发酵剂加入后，要充分搅拌 10 min，使菌体能与杀菌冷却后的牛乳完全混匀。还要注意保持乳温，特别是采用非连续灌装工艺或效率较低的灌装手段时，因灌装时间较长，保温就显得更为重要。发酵剂的用量主要根据发酵剂的活力而定，一般生产发酵剂的产酸活力在 0.7% ~ 1.0%，接种量应为 2% ~ 4%。

7. 灌　装

接种后经充分搅拌的牛乳应立即连续地灌装到零售容器中。零售容器主要有玻璃瓶、塑杯和纸盒。玻璃瓶的主要特点是能很好地保持酸乳的组织状态，容器没有有害的浸出物质，但运输比较沉重，回收、清洗、消毒麻烦。而塑杯和纸盒虽然不存在上述的缺点，但在凝固型酸乳“保形”方面却不如玻璃瓶。

8. 发　酵

灌装结束后，将酸乳运到发酵室进行发酵。温度一般在 42 ~ 43 °C，时间一般在 2.5 ~ 4 h 左右。发酵终点的判断非常重要，是制作凝固型酸乳的关键技术之一，一般发酵终点应依据如下条件来判断：

（1）滴定酸度达到 80°T 以上。但酸度的高低还要取决于当地消费者的喜好，在实际生产中，发酵时间的确定还应考虑冷却过程，在此过程中，酸乳的酸度还会继续上升。

（2）pH 低于 4.6。

（3）表面有少量水痕。发酵过程中应注意避免振动，否则会影响其组织状态；发酵温度应恒定，避免忽高忽低；掌握好发酵时间，防止酸度不够或过度以及乳清析出。

9. 冷　却

冷却的目的是终止发酵过程，迅速而有效地抑制酸乳中乳酸菌的生长，使酸乳的特征（质地、口味、酸度等）达到所设定的要求。

10. 冷藏后熟

冷藏温度一般在 2 ~ 7 °C，冷藏可促进香味物质产生，改善酸乳硬度。香味物质形成的高峰期一般是在酸乳终止发酵后第 4 小时，而有人研究的结果是香味物质形成所需的时间更长，特别是形成酸乳特征风味是多种风味物质相互平衡的结果，一般是 12 ~ 24 h 后完成，这段时间就是后熟期。因此发酵凝固后，必须在 4 °C 左右贮藏 24 h 再出售，一般最长冷藏期为 1 周。

二、搅拌型酸乳的生产工艺及要求

（一）工艺流程

搅拌型酸乳的生产工艺流程见图 4-3。

原料乳→净乳→标准化→配料→预热→均质→杀菌→冷却→接种→发酵→冷却→破碎凝乳→灌装→冷却→后熟

图 4-3　搅拌型酸乳的生产工艺流程

（二）工艺要求

搅拌型酸乳生产中，从原料乳验收一直到接种，基本与凝固型酸乳相同。两者最大的区别在于凝固型酸乳是先灌装后发酵，而搅拌型酸乳是先大罐发酵后灌装。

1. 发　酵

搅拌型酸乳生产中发酵通常是在专门的发酵罐中进行的。发酵罐带保温装置，并设有温度计和 pH 计。pH 计可控制罐中的酸度，当酸度达到一定值后，pH 就传出信号。这种发酵罐是利用罐体四周夹层里的热媒体来维持一定的温度。生产中应注意，如果由于某种原因导致热媒的温度过高或过低，则接近罐壁面部分的物料温度就会上升或下降，从而使罐内产生温度梯度，不利于酸乳的正常培养。

典型的搅拌型酸乳生产的培养时间为 2.5 ~ 3 h，温度为 42 ~ 43 °C，使用的是普通型生产发酵剂（接种量 2.5% ~ 3%）。当 pH 达到理想的值时，必须终止细菌发酵，产品的温度应在 30 min 内从 42 ~ 43 °C 冷却至 15 ~ 22 °C；使用直投式菌种时，培养温度为 43 °C，培养时间为 4 ~ 6 h（考虑到其迟滞期较长）。

2. 冷却破乳

罐中酸乳终止发酵后应降温搅拌破乳，搅拌型酸乳可以采用间隙冷却（采用夹套）或连续冷却(采用管式或板式冷却器)。凝乳在冷却过程的处理是很关键的。若采用夹套冷却，搅拌速度不应超过 48 r/min，从而使凝乳组织结构的破坏减小到最低限度。如果采用连续冷却，应采用容积泵输送凝乳(从发酵罐到冷却器)。冷却温度的高低根据需要而定，通常发酵后的凝乳先冷却至 15 ~ 22 °C，然后混入香味剂或果料后灌装，再冷却至 10 °C 以下。冷却温度会影响灌装充填期间酸度的变化，当生产批量大时，充填所需的时间长，应尽可能降低冷却温度。为避免泵对酸乳凝乳组织的影响，冷却之后在往包装机输送时，应采用高位自流的方法，而不使用容积泵。

3. 果料混合、调香

酸乳与果料的混合方式有两种：一种是间隙生产法，即在罐中将酸乳与杀菌后的果料(或果酱)混匀，此法一般用于生产规模较小的企业。另一种是连续混料法，即用计量泵将杀菌后的果料泵入在线混合器连续地添加到酸乳中去，此法混合非常均匀。

4. 灌　装

将混合均匀的酸乳和果料，直接流入到灌装机进行灌装。搅拌型酸乳通常采用塑杯包装或屋顶形纸盒包装。

第四节　新型酸乳产品的开发

酸乳产品在全球已经被广泛认为是最重要的健康食品之一，消费者对酸乳产品的要求已经由“生活需求”改变为要求“绿色、健康、功能性”。近年来，本书作者研制了一些新型酸乳产品，以期望丰富酸乳产品的多样性，同时也符合消费者新的需求。

一、金针菇酸乳的生产

金针菇富含蛋白质、核酸、碳水化合物和脂类，特别是含有人体自身不能合成的氨基酸，同时其所含有的多种活性成分具有重要的生理和药理作用。金针菇酸乳除具有普通发酵乳的特点外，还具有金针菇独特的清香气味和营养功效，使产品更易被人体消化吸收。

(一)工艺流程

1. 金针菇菌汁制作的工艺流程(图 4-4)

鲜金针菇→选料→清洗、去杂→切段→榨汁→过滤→杀菌→冷却→备用

图 4-4　金针菇菌汁的生产工艺流程

2. 金针菇酸乳制作的工艺流程（图 4-5）

原料乳→检验→净化→标准化→配料→预热→均质→杀菌→冷却→接种→发酵→冷却→搅拌并添加金针菇菌汁→灌装→冷藏后熟→成品

图 4-5　金针菇酸乳的生产工艺流程

（二）工艺要点

1. 预热、均质

均质温度 55 ~ 65 °C，压力 20 Mpa。

2. 杀菌、冷却

杀菌温度为 95 °C，时间 5 min；杀菌后，快速冷却到 43 °C，准备接种。

3. 接　种

发酵剂加入量为 3% ~ 5%。

4. 发酵、冷却

发酵温度为 42 ~ 43 °C，时间为 5 ~ 6 h，定时检查，待酸度达 0.7% ~ 0.8%（乳酸度）即可取出并冷却至 20 °C。

5. 搅拌并添加金针菇菌汁

将备用的金针菇菌汁与酸牛乳相混合并搅拌，同时添加适量辅助香料，混合均匀。

6. 灌装、冷藏后熟

将混合后的酸乳灌装，并放入 0 ~ 5 °C 的冷库中保存 24 h，后熟。

二、毛樱桃酸乳的生产

毛樱桃广泛分布于我国的东北、华北及西北各地，其果实营养丰富，味美可口，具有调胃、润肺、滑肠、解毒、止痛等辅助治疗效果。毛樱桃果实于 6 月中下旬成熟，柔软多汁，但耐贮性差，鲜食利用率低。毛樱桃酸乳色泽呈淡红乳色，酸甜适中，口感细腻，风味纯正，具有毛樱桃和发酵乳的混合香味。

（一）工艺流程

毛樱桃酸乳的生产工艺流程见图 4-6。

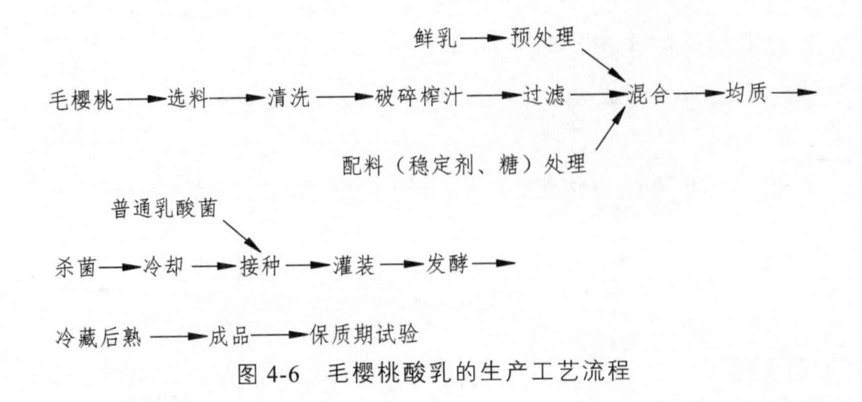

图 4-6　毛樱桃酸乳的生产工艺流程

（二）工艺要点

1. 毛樱桃的选料与清洗

选用新鲜饱满、无病虫害、无腐烂、九成熟的红色毛樱桃果实。去除果梗，用水洗净。

2. 破碎榨汁

利用辊筒式破碎机对毛樱桃果实进行适当的破碎，不得压破果核，以免果核中的苦涩味进入汁液。破碎后适当压榨，同时为防止褐变现象，应添加 0.05%的 Vc。

3. 澄清过滤

由破碎机出来的果汁静置 5 ~ 6 h，待其自然澄清后，用过滤机去除沉淀物。

4. 混　合

将预处理后的鲜乳与樱桃汁混合，再添加经过预处理的稳定剂溶液与糖液，同时为减少乳清析出，赋予产品一定的硬度，应再加入 0.02% $CaCl_2$ 溶液。

5. 均质、杀菌

在 20 Mpa 条件下，采用实验型均质设备进行均质。然后在 95 °C 杀菌 10 min 并快速冷却到 43 °C，准备接种。

6. 接　种

将保加利亚杆菌与嗜热链球菌 1∶1 混合，制备成生产发酵剂，添加量为 3% ~ 5%，然后将接种后的乳液灌装到聚丙烯杯中，封口。

7. 发　酵

发酵温度为 41 ~ 44 °C，时间为 3.5 ~ 6 h，定时检查，待酸度达 0.7% ~ 0.8%（乳酸度）时即可取出。

8. 冷藏后熟

发酵好的酸奶，为促进风味物质丁二酮的含量达到最高值，须立即放入 0 ~ 5 °C 冷库中冷藏 24 h，完成后熟过程。

9. 保质期试验

在室温（20 °C）下保存 3 ~ 10 d，通过观测产品的组织状态、口感、微生物指标、酸度等来确定其在室温条件下的保质期。保质期大约为 4 d。

三、蛹虫草-黑木耳酸乳的生产

蛹虫草是较为珍贵的药食两用真菌，含有丰富的营养物质；黑木耳味道鲜美且营养丰富；黑木耳中的多糖类是黑木耳的主要活性物质。药理学研究证实，黑木耳多糖具有抗氧化等多种生物活性。采用蛹虫草与黑木耳的提取物为功能因子来制备酸奶，将为蛹虫草与黑木耳的深加工提供技术借鉴，也将有力地丰富我国发酵乳制品市场品种，满足当前居民的营养需求。

（一）工艺流程

蛹虫草-黑木耳酸乳的生产工艺流程见图 4-7。

蛹虫草与黑木耳提取物浓缩混合液
↓
原料乳 → 配料 → 混合 → 预热 → 均质 → 杀菌 → 冷却 →

接种 → 搅拌 → 培养 → 冷藏 → 后熟 → 成品

图 4-7 蛹虫草-黑木耳酸乳的生产工艺流程

（二）工艺要点

1. 原料乳的选取

原料乳的检测要根据国家乳品生鲜乳安全标准。

2. 混合液制备

将蛹虫草浓缩液与木耳多糖按 1∶1 的比例，放入水浴锅中煮沸，边加热边搅拌，使其充分混合。静置使其降至 40 °C，备用。

3. 预 热

预热能更好地提高下道工序均质的效率，提高产品的稳定性。通常预热至 50 °C，可提高均质效果。

4. 均 质

利用均质机产生的强大的机械力量，使牛乳中脂肪球呈较小、均匀、一致的状态，可有效改变口感。

5. 杀菌和冷却

采用水浴锅加热至 95 °C、保持 10 min 的杀菌工艺，以去除乳液中的杂菌，灭菌后需要冷却至 42 °C，快速抑制微生物的生长和酶的活性以防止发酵过程产酸过度，便于接种发酵剂。

6. 发酵剂的制备

将保加利亚乳杆菌与嗜热链球菌按 1∶1 的比例混合，制成混合发酵剂。加入适量乳中进行接种，再加入用于酸奶发酵的各种混合添加剂，装瓶后，置于恒温培养箱中进行培养发酵，观察其效果并进行分析。

7. 冷藏后熟

将发酵完成的混合酸乳，放置于 0 ~ 4 °C 冰箱中冷藏，完成后熟过程。

四、枸杞酸乳的生产

枸杞营养丰富，含有枸杞多糖和甜菜碱等多种有效成分，此外还含有丰富的氨基酸、维生素、类胡萝卜素和微量元素等营养成分。为进一步提高酸乳的营养价值和利用枸杞的保健功效，以枸杞、牛乳、蔗糖等为主要原料，以双歧杆菌和嗜热链球菌为发酵剂，我们开发出一种风味独特、酸甜可口、营养丰富的新型枸杞保健酸乳。

（一）工艺流程

枸杞酸乳的生产工艺流程见图 4-8。

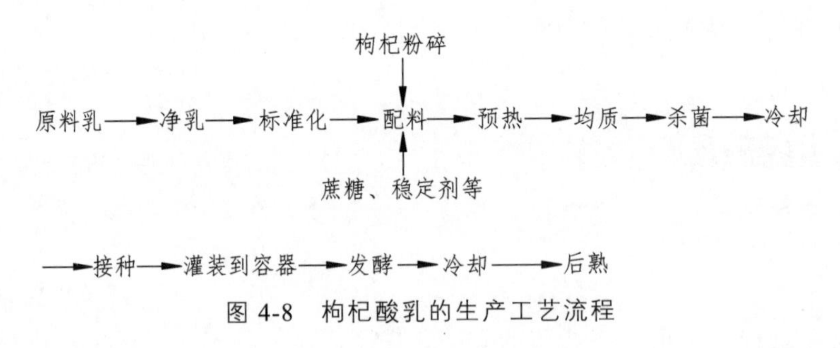

图 4-8　枸杞酸乳的生产工艺流程

（二）工艺要点

1. 原料乳要求

选优质原料乳，酸度为 16 ~ 18°T，72° 酒精试验呈阴性，其他指标符合 GB6914。

2. 枸杞要求

选取新鲜、无腐烂、无蛀虫、饱满红润的枸杞为原料。枸杞洗净晾干后用粉碎机粉碎成细粉。

3. 调　配

按适当的比例将粉碎好的枸杞、溶解好的稳定剂及蔗糖与原料乳混匀。

4. 均　质

混合料液在温度 50 ~ 60 °C，压力 20 MPa 下进行均质。

5. 杀　菌

均质好的料液放在水浴灭菌锅中进行灭菌，灭菌条件为 90 °C 保持 15 min。恒温过程中要不停地搅拌。

6. 冷却与接种

将上述灭好菌的混合料液在无菌条件下冷却至 43 °C，加入乳酸菌生产发酵剂并充分搅匀。

7. 灌装到容器

将接完种并搅拌均匀的料液分装到已经灭菌的玻璃瓶中，并迅速用无菌塑料膜封口。

8. 发　酵

将灌装好的玻璃瓶快速放入恒温培养箱中，在 42 °C 的恒温条件下发酵 4 ~ 5 h，当酸乳 pH 为 4.4 ~ 4.6 时取出。

第五节 以新疆地区传统酸乳发酵剂制作酸乳的生产工艺

新疆是我国重要的牧业基地，自然环境和气候差异很大。各少数民族长久以来习惯制作传统发酵酸奶作为日常饮品，其中主导发酵的乳酸菌群也因地域、气候及制作习惯等原因具有明显的差异性。新疆地区传统酸乳发酵剂在自然条件下形成的原理与开菲尔粒的形成原理相类似，为了更加深入地认识这种传统发酵剂，对这种发酵剂中的乳酸菌进行种群分离及初步的鉴定，并探索这种发酵剂的制备工艺。以此为基础，生产功能与开菲尔乳类似的发酵乳制品，势必具有广阔的市场前景，对推动我国发酵乳制品产品的升级具有良好的促进作用。

一、传统酸乳发酵剂中微生物种群的分离

（一）分离方法

1. 传统发酵剂菌粒的活化

鲜牛乳灭菌（121 °C，20 min）→接种（用冷的无菌水清洗过的传统发酵剂与灭菌鲜牛乳的比例为 1：50）→培养（25 °C，16～20 h）到牛乳凝固→无菌纱布滤出共生菌粒。并按此方法连续活化 3 次，使发酵液的 pH 达 3.7 左右，取最后一次发酵液备用。

2. 菌种的分离

取传统酸乳发酵剂 25 g→在无菌研钵内研磨成匀浆/剪细捣碎→用 225 mL 无菌生理盐水分次洗涤至内置玻璃珠的 500 mL 无菌三角瓶内→从三角瓶内取发酵液 25 mL→放入含有 225 mL 灭菌生理盐水并内置装玻璃珠的 500 mL 三角瓶内→剧烈振荡大约 20 min→进行 10 倍递增稀释至 10-8（稀释度）（直至达到一个平板上生长 30～300 个菌落的程度）→取适当稀释液各 0.1 mL→分别涂布于 MRS 培养基（乳酸细菌培养基），PDA 培养基（马铃薯葡萄糖琼脂培养基），Elliker 琼脂培养基上→分别置 25 °C 下培养 72 h→挑取单菌落→移接斜面→染色后镜检。

3. 乳酸菌的分离培养

MRS 培养基：蛋白胨 10.0 g，葡萄糖 20.0 g，酵母膏 5.0 g，牛肉膏 10.0 g，硫酸镁 0.58 g，柠檬酸氢二胺 2.0 g，磷酸氢二钾 2.0 g，乙酸钠 5.0 g，吐温 80 1.0 mL，硫酸锰 0.25 g，琼脂 15.0 g，蒸馏水 1 000 mL，pH 6.2～6.4。温度 25 °C 下厌氧培养 72 h。

4. 酵母菌的分离培养

PDA 培养基：马铃薯 200 g ，琼脂 20 g，葡萄糖 20.0 g ，自来水 1 000 mL，自然 pH。温度 25 °C 下培养 48 h。

5. 醋酸菌的分离培养

Elliker 琼脂培养基：葡萄糖 5.0 g，琼脂 15.0 g，乳糖 5.0 g，胰脂 20.0 g，蔗糖 5.0 g，酵母提取物 5.0 g，明胶 2.5 g，乙酸钠 1.5 g，抗坏血酸钠 0.5 g，氯化钠 4.0 g，蒸馏水 1000 mL，pH 7.3。温度 25 °C 下培养 72 h。

（二）糖发酵试验及生理生化试验

1. 菌种初筛

将 6 种糖发酵培养基配置好，用接菌环接取之前保藏在试管里的菌体于培养基（6 种糖发酵培养基分别做 3 次重复试验），培养条件为 35 °C ± 1 °C，18～24 h，依照试验结果，取优势菌株。

2. 菌种复筛

把取得的优势菌株，在下面的生理生化试验中分别培养（每个试验分别重复 3 次）。

1）吲哚试验

在蛋白胨液体培养基中接入优势菌株，培养温度 36 °C 左右，培养时间 48 h。把培养好的各试管里滴加 0.5 mL 乙醚，5 min 后贴着试管内壁缓慢滴 3 滴吲哚显色剂（勿摇晃试管）。若试管中乙醚层变为玫瑰红色，说明为阳性反应，产生吲哚，标记“+”。

2）二乙酰试验（V.P 试验）

在葡萄糖蛋白胨培养基接入优势菌株，培养温度 35 ~ 37 °C，培养时间 24 ~ 48 h。取 2 mL 培养液放入干净试管里，滴加 40%的氢氧化钠 2 mL，用牙签挑取肌酸 0.5 ~ 1 mg 于各试管中，激烈振荡试管，保持良好通气 15 ~ 30 min，若试管内出现红色，即为阳性反应，标记“+”。

3）甲基红试验（M.R 试验）

在二乙酰试验培养液中滴入甲基红指示剂，根据颜色变化判断：红色不变→阳性，标记“+”；变黄→阴性，标记“-”。

4）硫化氢（H_2S）试验

把试验菌穿刺接种到硫化氢培养基，于 35 ~ 37 °C，48 h 培养后观察，若出现黑色，则说明产生硫化氢，标记“+”。

5）明胶液化试验

明胶液化试验是利用某些细菌可产生一种胞外酶——明胶酶，能使明胶分解为氨基酸，从而失去凝固力，半固体的明胶培养基成为流动的液体。将培养 18 ~ 24 h 试验菌穿刺接种于明胶培养基深度 2/3 处，然后在 21 °C ± 1 °C 条件下培养 24 h。静置于 4 °C 冰箱中直至凝固后，观察明胶是否有被细菌液化现象，若被液化，即为阳性试验，标记“+”。

（三）传统酸乳发酵剂中的微生物成分组成

1. 乳酸菌

1）镜检鉴定

采用 MRS 培养基（乳酸细菌培养基）对乳酸菌进行分离培养后，采用革兰氏染色法染色，并在电子显微镜下观察，图中的蓝紫色菌群为革兰氏阳性菌 G^+。将电子显微镜下观察到的图与资料图作对比，根据乳酸菌的形态结构，判断该菌群为乳酸菌属，其中球状堆积成片的可能为乳酸片球菌；呈卵圆形链状连接的可能为乳链球菌；短杆状的可能为明串珠菌属；断续杆状的可能为嗜酸乳杆菌，此处仅为形态结构鉴定，实际微生物组成还应通过糖发酵试验及生理生化试验等来确定。

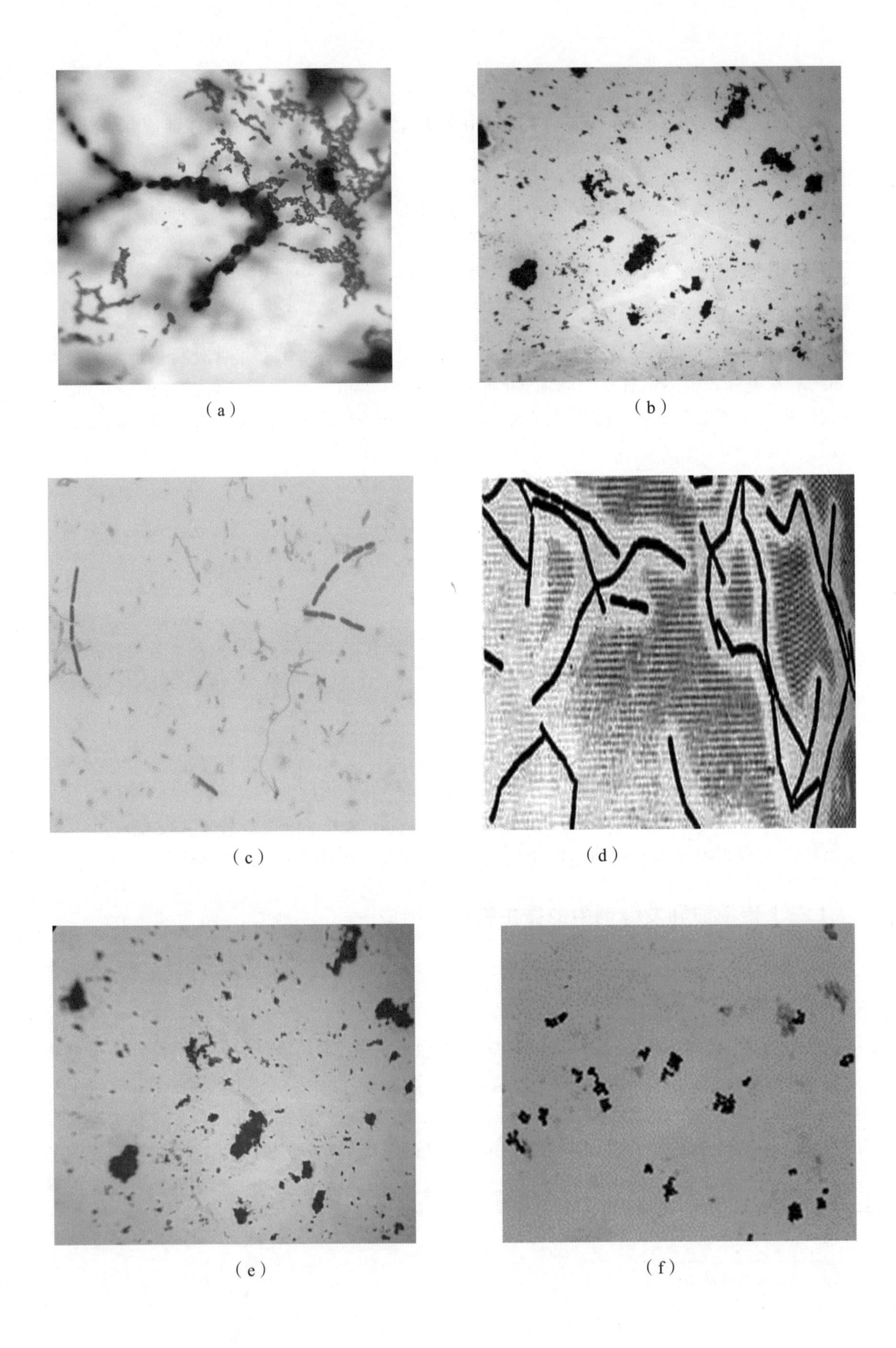

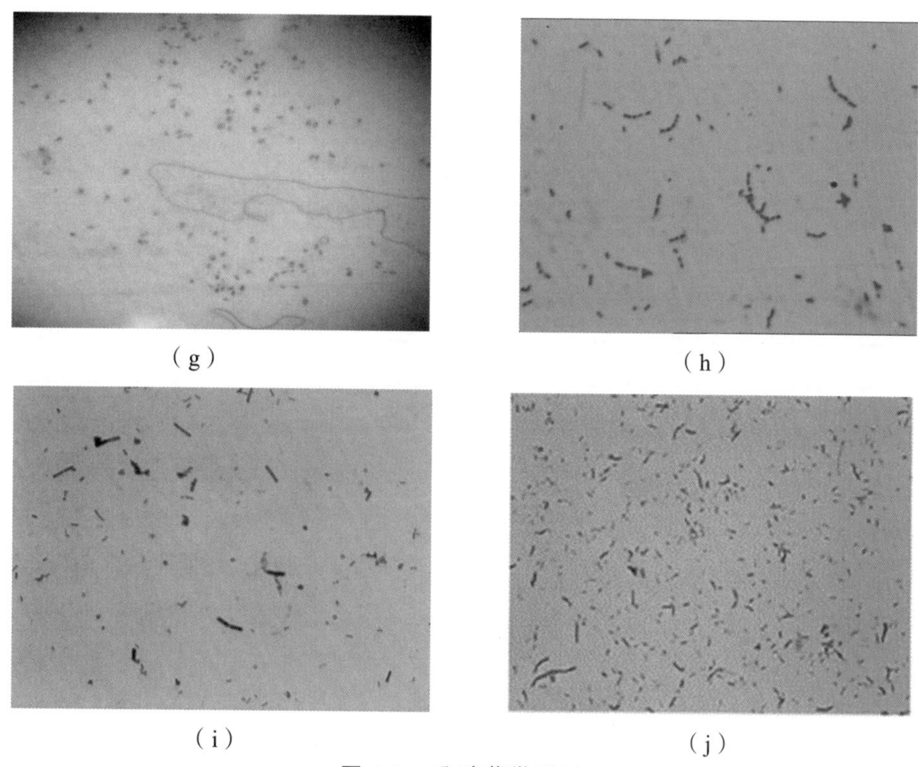

（g）　（h）

（i）　（j）

图 4-9　乳酸菌微观图

注：（a）、（b）为镜检图；c 中可能为嗜酸乳杆菌，d 中为嗜酸乳杆菌；e 中可能为乳酸片球菌，f 中为乳酸片球菌；g 中可能为乳链球菌，h 中为乳链球菌；i 中可能为明串珠菌属，j 为明串珠菌属

2）糖发酵试验初筛结果

从新疆传统发酵剂的发酵液中分离出的菌株，通过革兰氏染色、镜检后发现，其形态主要为杆菌和球菌，对它们分别做 6 种糖发酵试验，发酵结果以试验中的多数为准。试验中排除以下 3 类菌株：不发酵乳糖的菌株、在培养液表面产生薄膜的菌株、产生芽孢的菌株。在糖发酵试验中，有些菌株结果相同，则视为同一种菌株，取其中一株再筛。表 4-7 是通过糖发酵试验选出的 7 种菌株。

表 4-7　糖发酵试验结果

序号	形态特征	葡萄糖	蔗糖	乳糖	淀粉	甘露醇	糊精
a	球菌	+	+	+	−	−	−
b	球菌	+	+	+	−	+	−
c	球菌	−	+	+	−	−	−
d	杆菌	+	−	+	−	+	−
e	球菌	+	+	+	−	+	−
f	杆菌	+	−	+	−	d	−
g	球菌	+	d	+	−	+	−

注：“+”为阳性反应，“-”为阴性反应，“d”为反应不明显

3）生理生化试验复筛结果

表 4-8 是根据糖发酵试验初筛的结果对初筛的 7 种菌株再进行生理生化试验。排除反应相同的菌株，得到 4 株不同的菌种，分别是 a 号球菌、b 号球菌、d 号杆菌、e 号球菌。结合菌株的个体形态特征、生理生化实验结果并依据参考文献，对菌种进行鉴定，结果为：a 号为明串珠球菌，b 号为乳酸片球菌，d 号为嗜酸乳杆菌，e 号为乳链球菌。

表 4-8　生理生化试验结果

试验项目	a 号球菌	b 号球菌	d 号杆菌	e 号球菌
吲哚试验	-	-	-	-
V.P 试验	+	+	+	+
M.R 试验	-	-	+	-
H_2S 试验	-	-	-	-
明胶液化试验	-	-	-	-

注：“+”为阳性反应，“-”为阴性反应

2. 酵母菌

采用 PDA 培养基（马铃薯葡萄糖琼脂培养基）对酵母菌进行分离培养后，亚甲蓝染色法进行染色，并在电子显微镜下观察（见图 4-10）。由于染料侵染后的死菌为蓝色，活菌为透明。通过查阅相关资料图，将实验图片与资料图作对比，根据酵母菌的形态结构，初步判断该菌群为酵母菌属，其中排列紧凑且卵圆形连结在一起的为热带假丝酵母，此处仅为形态结构鉴定，未做进一步研究。

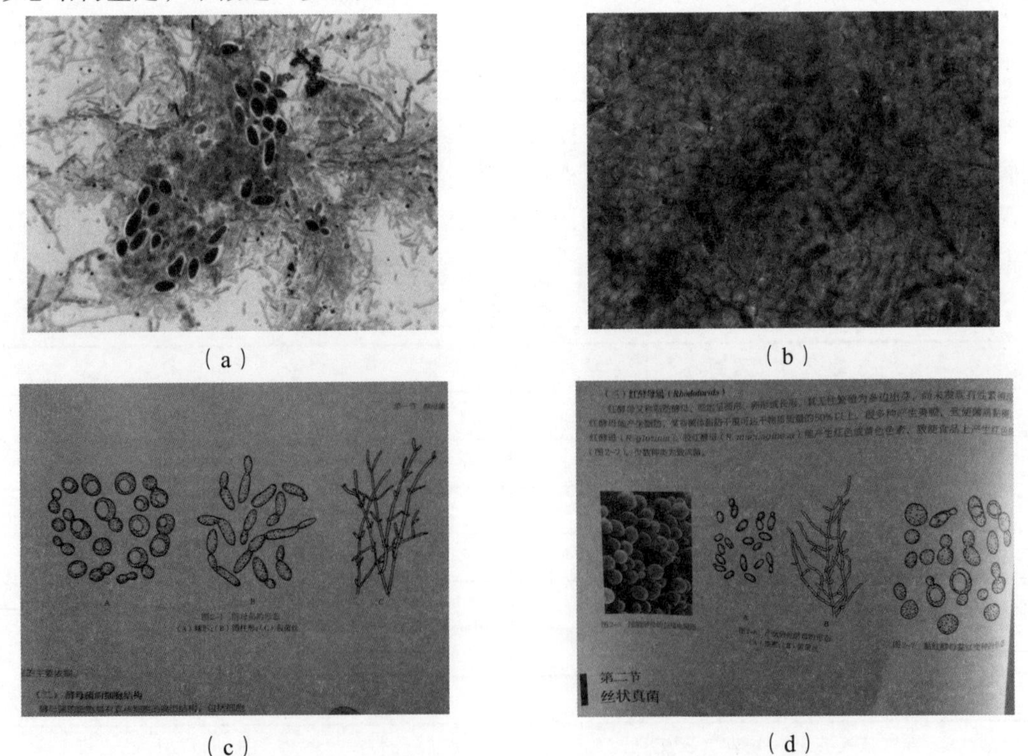

（a）　（b）

（c）　（d）

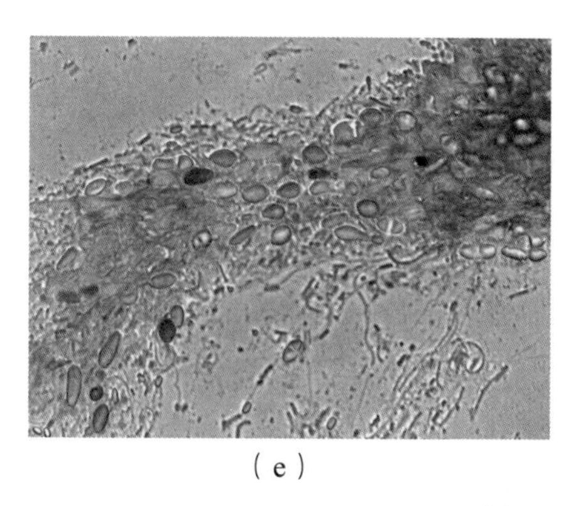

（e）

（f）

图 4-10　酵母菌微观图

注：（a）、（b）为镜检图；（c）、（d）为资料图；（e）为热带假丝酵母镜检图，（f）为热带假丝酵母资料图

3. 醋酸菌

采用 Elliker 琼脂培养基对醋酸菌进行分离培养，革兰氏染色法进行染色，并在电子显微镜下观察（见图 4-11）。根据革兰氏染色机理可知，图中的红色菌群为革兰氏阴性菌 G^-。通过查阅相关资料图，将实验图片与资料图作对比，根据醋酸菌的形态结构，初步判断该菌群为醋酸菌属，其中红色杆状的为醋酸杆菌，此处仅为形态结构鉴定，未做进一步研究。

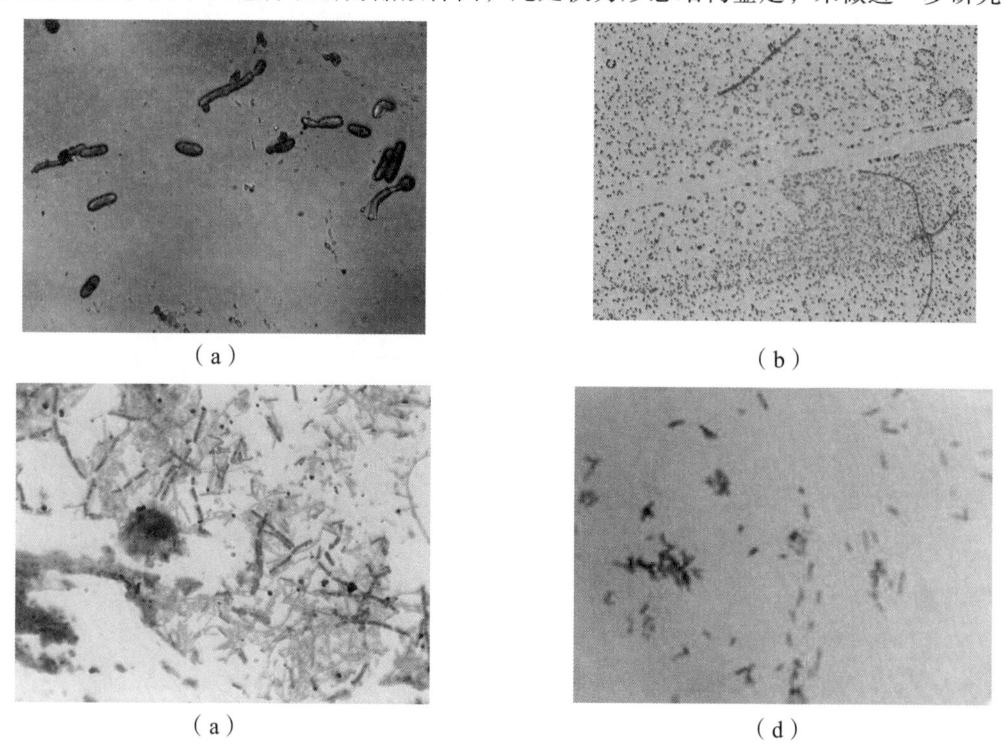

（a）　（b）

（a）　（d）

图 4-11　醋酸菌微观图

注：（a）、（b）为镜检图；（c）为醋酸杆菌镜检图，（d）为醋酸杆菌资料图

二、新疆传统酸乳发酵剂的扩大制备

将传统酸乳发酵剂按 1∶10(g/mL)浸泡在无菌的生理盐水中，5 h 后用纱布过滤出粒状物（类开菲尔粒），将粒状物用无菌水反复冲洗，再将粒状物接种到灭菌乳中（接种比例 1∶50），在 25 °C 下培养 24 h，用医用纱布过滤后，用无菌水冲洗 3～4 次，再接种、培养、过滤、冲洗，如此连续多次，直到颗粒增大并能形成新颗粒为止，完成活化过程。

活化的传统乳酸发酵剂，在每次接种前先使用 20 mL 无菌生理盐水清洗一次，再分块称重后备用。

(a) (b) (c) (d)

图 4-12 菌粒扩培记录图

注：(a)(b)(c)(d) 分别为第一周、第三周、第五周、第七周的菌粒扩培记录

菌粒活化过程见图 4-12。经过为期 2 个月的活化过程，可以发现菌粒的数量增多，体积也变大，但是在活化初期菌粒并没有生长得很迅猛，之后一段时间菌粒体积逐渐变化明显。分析菌粒生长的速度可能与活化时的温度有关。菌粒在三月初期进行活化，此时室内

温度为 15 °C 左右，比菌粒生长的最适温度低，之后室温逐渐升温，达 25 °C 左右，此温度接近菌粒生长的最适温度。

三、以新疆传统酸乳发酵剂生产酸乳

（一）工艺流程

原料乳→过滤→预热（70 °C）→均质（15 MPa）→杀菌（90 ~ 95 °C，5 min）→冷却至 22 ~ 25 °C→接种（传统乳酸发酵剂按一定比例 6% ~ 14%）→分装→保温发酵（温度控制在 19 ~ 31 °C，时间控制在 18 ~ 26 h）→加糖（4% ~ 12%）→冷却（8 °C ~ 10 °C）→贮藏→产品

（二）工艺要点

1. 预热、均质

将原料乳过滤后预热至 70 °C 并在 15 MPa 压力下进行均质，可使产品组织细腻、硬度良好。

2. 杀　菌

均质后的原料乳在 90 ~ 95 °C 的温度下杀菌 5 min，可以减少乳清析出，提高产品黏度。

3. 冷　却

将热处理后的原料乳冷却至 22 ~ 25 °C。

4. 接　种

冷却后的原料乳接种传统乳酸发酵剂 6% ~ 14%。

5. 保温发酵

接种后的原料乳在温度 19 ~ 31 °C，培养 18 ~ 26 h 的条件下保温发酵。此时原料乳 pH 降至 4.3 ~ 4.5（即凝乳酸度达到 90 ~ 100 °T）。

6. 加　糖

按要求添加白砂糖 4% ~ 12%，调整产品酸度，改善产品的口感。

7. 冷　却

摇动使其缓慢冷却至 8 ~ 10 °C，成熟后包装即可。

新疆地区传统酸乳制作最佳工艺参数为发酵时间 24 h、发酵温度 29 °C、白砂糖用量 8%、传统酸乳发酵剂接种量 11%。

第六节 浓缩酸乳的生产工艺

在许多国家及地区，浓缩酸乳的生产非常普遍。传统的手工生产方法是采用布袋、皮囊或陶罐将发酵乳排除部分乳清。此类产品的名称随产地不同变化极多，如 Labneh、Lebneh（黎巴嫩和大多数阿拉伯国家），Ymer（丹麦），Skyr（冰岛）等。浓缩酸乳的工业化生产方法可归纳为以下几种：

① 传统的布袋法。

② 机械设备生产法，包括喷嘴分离器法和膜滤法（如超滤）。

③ 复原法或配料法。

大多数浓缩酸乳产品的生产均采用乳酸细菌混合发酵剂，部分产品发酵时则用了酵母菌。

一、Ymer

Ymer 是一种丹麦产的浓缩酸乳，每 100 g 产品中含有脂肪 3.5 g，SNF 11 g（其中蛋白质 5 ~ 6 g）。用于发酵的菌种主要是 *Lac.lactis biovar diacetylactis*（乳酸乳球菌丁二酮生物变种）和 *Leu.mesenteroides subsp.cremoris*（肠膜状明串珠菌乳脂亚种）。与 Ymer 相似的一种产品在瑞士则被称为 Lactofil。

（一）Ymer 的传统生产方法

将脱脂乳加热至 90 ~ 95 °C，保温 3 min，然后冷却至 19 ~ 23 °C，接种嗜温型发酵剂，培养 16 ~ 18 h，使 pH 达到 4.5。凝乳切割后，采用间接加热的方式在约 2 h 内将发酵乳的温度升至 45 °C 左右，在此过程中，乳清大量析出，然后排除乳清，除去的乳清量约占发酵乳总体积的一半。乳清排除后，加入稀乳油，调整发酵乳的脂肪含量至 3.5%，再于 35 ~ 45 °C 进行均质（4.9 ~ 9.8 MPa），在板式热交换器内进行部分冷却后进行产品包装。

（二）Ymer 的商业化生产方法

目前 Ymer 的商业化生产主要采用喷嘴分离器法（quarg 分离器）和超滤法（UF）。在前一种方法中，发酵脱脂乳在 56 ~ 60 °C 处理 3 min 后，冷却至 37 °C，然后进行分离。分离方法是将发酵乳从分布于 quarg 分离器钵周围的喷嘴进入旋风分离器，然后由一个正向位移泵推动与稀乳油混合，冷却后再进行包装。

利用超滤法生产有以下几种方法。

方法 1：脱脂乳在 92 °C 加热 15 s 后，冷却至 55 °C，然后超滤至所需的浓度。将超滤液用稀乳油标准化至脂肪含量为 3.5%，在 65 °C、19.6 MPa 均质后，加热至 85 °C，保温 5 min，然后冷却至 20 ~ 22 °C，接种发酵剂，培养 20 h。凝乳经过搅拌后，冷却至 5 °C，存放 24 h。将产品包装后，放入冷库。利用 UF 法生产的 Ymer 产品与传统法生产的产品在质地上有一定的差异。最明显的是 UF 法由于截留了钙离子及 UF 处理过程的影响，生产的 Ymer 产品脆性较高。

方法 2：在 50 °C 用 UF 法将脱脂乳浓缩至蛋白含量为 6%后，进行脂肪标准化使脂肪含量达 3.5%（丹麦标准），然后在 74 °C、13.7 MPa 条件下均质。脱气后在 95 ~ 100 °C 处理 1 min，然后冷却至 22 °C，接种发酵剂（包括产风味及香味菌种），培养 20 ~ 22 h。发酵结束后，将凝乳温和搅拌 1 h，在 4.9 MPa 进行均质，使产品具有柔和的质地，随后冷却至 12 °C 进行包装。

方法 3：将温热的发酵乳直接进行超滤，其过程类似于排乳清酸乳（Strained yoghurt）或 Labneh 的生产。

二、Skyr

Skyr 是一种冰岛产的浓缩发酵脱脂乳，其每 100 g 产品中含有总固形物（TS）17.5 g，脂肪 0.2 g，蛋白 12.7 g，乳糖 3.9 g，灰分 0.8 g。采用布袋法生产时，TS 含量稍高（20.8%）。用于发酵的微生物类群尚不清楚，初步的研究表明主要是嗜热乳酸菌类群和能发酵乳糖的酵母菌。

Skyr 的商业化生产主要采用喷嘴分离器法，其过程可归纳为：脱脂乳在 90 °C 加热 3 min，冷却至 40 °C，接种混合发酵剂，培养 4 ~ 6 h，使 pH 达到 4.7。有时随发酵剂一道加入少量的胰凝乳酶（2 滴/10 L），以改善产品的质量。发酵乳冷却到 18 °C 后，进行第二次发酵，培养 18 h 使 pH 达到 4.1。然后将发酵乳在 67 °C 处理 15 s，冷却至 35 ~ 40 °C，用 quarg 分离器进行浓缩。分离浓缩后的发酵乳部分冷却至 10 °C 后（可在此时加入稀乳油或调制果味的配料），进行包装及贮存。有时为提高产品得率，可将从 quarg 分离器产生的清液进行超滤浓缩（至 TS 17.5%），80 °C 处理后冷却至 40 °C，均质，进一步冷却至 10 °C。将此浓缩清液与浓缩产品混合，再进行产品包装。用此法生产的产品与传统法生产的 Skyr 产品化学组成相似，但前者含有 0.3% ~ 0.5%的乙醇、CO_2、乙酸及一些风味物质如乙醛和双乙酰。每 10 L 脱脂乳大约可生产 2 kg Skyr。

三、Chakka 和 Shrikhand

Chakka 是一种印度产的发酵乳，即将 Dahi（一种印度酸乳）用布袋排除乳清后制成。如果排除乳清后的凝乳块中加入糖的话，产品则被称为 Shrikhand，其呈半软稠度，略带黄色。一般采用混合嗜温发酵剂进行发酵，如需要生产“酸性”Dahi，则采用酸乳发酵剂。生产 Chakka 时，发酵乳采用篮式离心机离心 90 min，排除乳清。

在印度，生产 Shrikhand 时使用最普遍的是一种名为 LF－40 的混合发酵剂（*Lac.lactis subsp.Lactis* 及 *biovar diacetylactis*）。有研究者用乳酸乳球菌乳酸亚种丁二酮变种

（*Lac.1actis biovar diacetylactis*）的突变株 PM 发酵（乳牛乳、水牛乳或再制乳）生产的 Chakka，被认为质量更佳。

将 Shrikhand 发酵后进行 70 °C 热处理，可提高产品的保质期。在 35 ~ 37 °C 保存 15 d 或 8 ~ 10 °C 保存超过 70 d 以后，产品的质量仍可被接受。

四、排乳清酸乳（Strained yoghurt）或 Labneh

排乳清酸乳的化学组成及标准在不同的国家差异很大。例如，总固形物及脂肪含量的变化范围分别为 20% ~ 28%和 7% ~ 10%。其基本生产过程为：全脂乳发酵以后，用布袋法排除部分乳清。

乳清排除和产品得率的影响因素可归纳为：

（1）原料乳进行总固形物含量强化有利于提高产品得率；

（2）发酵乳（pH 约 4.8）在 5 °C 排除乳清比 25 °C 时截留的乳清多，因而产品的得率较高；

（3）利用能产生胞外大分子物质的发酵剂可生产高黏度排乳清酸乳，但排乳清过程相对较长；

（4）提高排乳清时的压力，会导致乳固体在乳清中损失较多，而且在排出过程中，乳清的流速不稳定；

（5）生产化学组成相似的产品时，利用山羊乳进行发酵，产品得率高。

采用类似凝固型酸乳的生产工艺，可利用乳超滤浓缩物（总固形物约 22%）生产排乳清酸乳。在此方法中，浓缩乳发酵后不需要排除乳清。但生产的产品凝乳易破碎、弹性差，凝乳用勺子挖破后，易出现大量乳清析出。而采用将温热的发酵乳进行超滤的方法，生产的排乳清酸乳与传统法生产的产品相差无几。

排乳清酸乳生产通常采用酸乳发酵剂，有时一些不同组合类型的嗜温发酵剂如 *Lb.acidophilus*，*Bifidobacterium spp* 和 *Enterococcus foecalis*（粪化肠球菌）也可用于乳的发酵。当使用 *Propionibacterium freudenreichii subsp.shermanii*（弗氏丙酸杆菌谢氏亚种）与嗜温发酵剂（其中 *Lac.1actis subsp.cremoris* 75%，*Subsp.cremoris* 15%，*Leu.mesenteroides subsp.cremoris* 10%）进行混合发酵时，生产的排乳清酸乳中维生素 B_{12} 和叶酸含量分别提高了 21%和 28%。

使用 quarg 分离器以脱脂乳为基本原材料，采用包装前向浓缩发酵乳中加入稀乳油的方法，进行排乳清酸乳的工业化生产非常成功。将 quarg 分离器改进后，可直接利用全脂乳生产排乳清酸乳。排乳清酸乳产品典型的化学组成：总固形物 24%，脂肪 9.6%；被排除乳清化学的组成：总固形物 6.1%（主要成分为乳糖和矿物质），脂肪 0.5%。

排乳清酸乳的另一种生产方法是将发酵后的酸乳在温热的条件下进行超滤。超滤时的温度对产品的质量有重大影响，以 40 ~ 50 °C 较为合适。当采用较高的温度进行超滤时，酸乳中微生物的数量会降低约两个数量级。此外，产品的韧性及微结构会受到处理过程的影响，当超滤温度高于 50 °C 时，产品中的蛋白主要以胶束而非简单凝集态形式存在，从而使产品的韧性更高。用山羊或绵羊乳生产的排乳清酸乳的质地基本相同，但与用乳牛乳生产的类似产品相比，其均匀性稍差。

采用将温热的发酵乳进行超滤的方法时，如果超滤温度高于 45 °C，易加速滤膜表面沉积，导致清液流速下降，需要经常进行膜清洗，从而影响大规模生产的正常进行。对乳部分酸化后（pH 6.0）进行超滤，超滤液再进行发酵；以及脱脂乳（pH 4.6）发酵后进行超滤浓缩两种方式生产 quarg 时，采用不同超滤设备（板框式、蛇管式、中空纤维和由矿物制成的膜）和运行参数（如流速、能耗及最适超滤温度）的研究结果表明：将凝结的发酵脱脂乳在 50 °C 超滤所生产的 quarg 品质较高；而前一种方法生产的 quarg 则由于超滤时截留了钙而易于出现苦味。

排乳清酸乳也可利用再制乳进行生产，其生产过程为：乳粉 （全脂粉、脱脂粉、乳浓缩蛋白和/或酪蛋白）用水复原，然后与无水奶油（AMF）、稳定剂和盐（可选择添加）混合，再制乳的处理及发酵过程与生产凝固型或搅拌型酸乳的过程相似。在后一种情况下，再制乳发酵后，部分冷却至 20 °C，进行包装，再冷却至 5 °C 并在此温度下保存。

与排乳清酸乳产品类似的一种产品是酸乳型干酪(Yoghurt－cheese，总固形物为 35%～50%)，奶酪块被注成球型，然后放入植物油内。将此产品 65 °C 热处理后，在 20 °C、经过一年保存，可有效地减少产品中的活菌数。如经过 6 个月保存，可使产品中总活菌数、乳酸菌、霉菌及酵母减少 2～4 个数量级。在此情况下，由山羊乳制成的酸乳型干酪经过保存后，风味明显改善。

第五章　发酵乳饮料

第一节　乳酸菌饮料

一、乳酸菌饮料的概念及发展现状

乳酸菌饮料是一种发酵型的酸性含乳饮料，通常以牛乳或乳粉、植物蛋白乳（粉）、果蔬菜汁或糖类为原料，经杀菌、冷却、接种乳酸菌发酵剂培养发酵，然后经稀释而成。其中蛋白质含量不低于1.0%的称为乳酸菌乳饮料，蛋白质含量不低于0.7%的称为乳酸菌饮料。

在国外乳酸菌饮料已有很长的历史，主要是短保质期的活菌型产品。超高温菌的非活性乳酸菌饮料始于20世纪70年代末欧洲的荷兰，它具有味道好，保质期长（常温6个月），无需冷链运输等优点。近年乳酸菌饮料以其营养保健功能和独特的风味大受消费者的青睐，销量不断上升。据统计，世界乳酸菌乳饮品平均市场占有率已达到30%，尤其在一些发达国家这一比例更高，并且其产品众多，营养全面，口感也更好。如雀巢公司于2004年在英国市场推出称为“ski sropgap”的新型乳酸菌饮料，含有混合浆果、热带水果和蜂蜜以及香蕉风味，同其他乳酸菌饮料相比，它更稠一些，并含有水果粒和谷物，营养价值极高。

自20世纪80年代开始，我国即有乳酸菌饮料的生产，由于深受广大消费者的喜爱，乳酸菌饮料成为乳制品工业发展最快的产品之一，并为进一步发展展示了巨大的潜力。随着技术的进步，特别是优良、安全的发酵菌种——益生菌的采用，赋予乳酸菌饮料更高的科技含量。近几年来，我国乳酸菌饮料的生产与消费迅速增长，据中国食品科学技术学会有关数据统计显示，我国的乳酸菌饮料行业多年已连续以超过25%的速度快速增长，在整个乳制品行业的市场份额也从20世纪初的不足0.1%发展到2005年超过3%。2004年乳酸菌饮料生产企业已达150多家，年总产量为48.2万吨。尼尔森数据显示，我国乳酸菌市场从2013年开始呈现出井喷式增长状态，增长率一度达50%。2015年市场规模突破百亿，达到了109.81亿元。2017年乳酸菌市场规模达到176.5亿元，较2016年增长30%，2013-2017年年均复合增长率达到28.9%。庞大的市场规模也吸引了不少企业开始布局，多家乳企巨头加入乳酸菌饮料行业竞争中，试图分食乳酸菌饮料市场的大“蛋糕”。为了更好地提高乳酸菌饮料的质量和产品的开发，世界各国对其作了大量的研究工作，重点主要是饮料的稳定技术和新产品的制造。众多研究结果表明，添加稳定剂和乳化剂是提高乳酸菌饮料稳定性的一条有效途径。如日本采用蔗糖脂肪酸酯、海藻酸丙二醇酯和甲基化果胶等作为液态乳酸菌饮料的稳定剂，并采用果胶、角叉胶和碱性多聚磷酸盐作为生产粒状或粉状乳酸菌饮料时的稳定剂，以防止固体乳酸菌饮料稀释冲剂时的水分离和沉淀问题。美国采用 EDTA（二甲基四乙胺）、低甲基化果胶、高甲基化果胶、六偏磷酸、柠檬酸钠组成的稳定剂生产乳酸菌饮料，德国采用不溶性的碳酸钙、碳酸镁和溶于水的磷酸氢钠、磷酸氢钾组成的离子液（类同于人体液的缓冲液），来解决液态果汁酸乳的稳定性问题。

在乳酸菌饮料中通过添加不同风味的营养物质制造出的新型乳酸菌饮料正在成为一种发展趋势。这些饮料中有的含维生素、矿物质，有的有利于微生物的繁殖，有的具有营养、医疗保健作用等。这些成分的加入将极大地丰富和满足酸乳制品市场，并以其特殊的风味给人们带来一种新的感觉。如日本专利介绍用预处理后的果汁、蔬菜汁等加入酸乳中进行发酵，制造乳酸菌饮料，如胡萝卜汁、酵母浸出汁、中草药汁、红甜菜汁、藻汁、猪肝汁等乳酸菌饮料。我国除了已上市的活力宝、盖力宝、喜乐等乳酸菌饮料外，还有加果蔬成分饮料的研究报道，如“红果乳酸菌饮料”“南瓜乳酸菌饮料”“玉米乳酸菌饮料”等，并且所使用的菌种除传统的保加利亚杆菌和嗜热链球菌外，双歧杆菌、嗜酸乳杆菌、干酪乳杆菌等具有较强保健功能的菌种也越来越多地被应用到生产中。

二、乳酸菌饮料的分类

乳酸菌饮料因其所采用的原料及加工处理方法不同，一般分为酸乳型和果蔬型两大类。同时又根据产品中是否存在活性乳酸菌（是否进行后杀菌），分为活菌型和杀菌型两大类。

（一）酸乳型乳酸菌饮料

酸乳型乳酸菌饮料是在酸乳的基础上将其破碎，加入白糖、香料、稳定剂等通过均质而制成的均匀一致的液态饮料。

（二）果蔬型乳酸菌饮料

果蔬型乳酸菌饮料是在发酵乳中加入适量的浓缩果汁、蔬菜汁浆（如柑橘汁、草莓汁、苹果汁、椰汁、番茄浆、胡萝卜汁、玉米浆、南瓜汁等）或在原料中加入适量的果蔬汁共同发酵后，再通过加糖、稳定剂或香料等调配、均质后制作而成。

三、乳酸菌饮料的生产工艺

（一）工艺流程

乳酸菌饮料的生产工艺流程见图 5-1。

（二）工艺要求

1. 原料乳的处理

将新鲜或复原脱脂乳标准化至非脂乳固体含量在 9%～10%。原料乳的要求与检验同酸乳制作。在生产发酵型酸乳饮料时，应选用脱脂乳，而不采用全脂乳，主要是防止产品中脂肪的上浮以及贮藏和销售过程中的脂肪氧化。如果在原料乳中添加果蔬汁，最好混合后进行均质，让原料充分混合，有利于下一步的发酵。

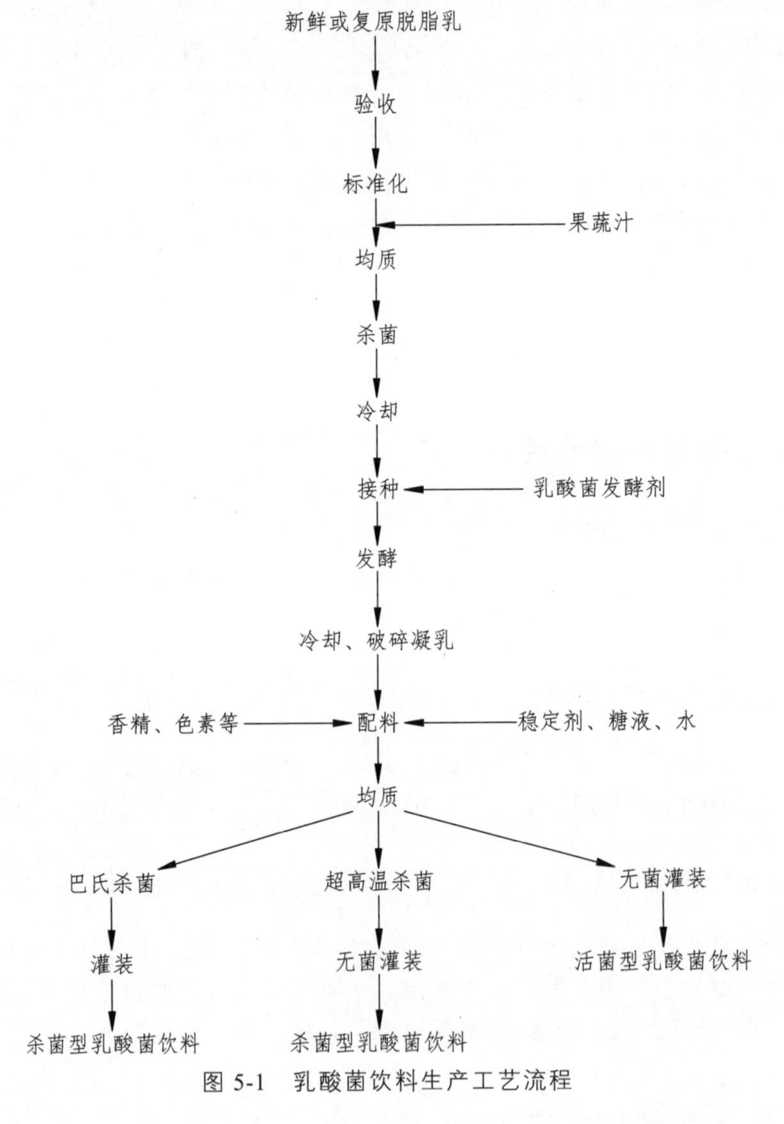

图 5-1　乳酸菌饮料生产工艺流程

2. 杀　菌

为了促进乳酸菌的发酵以及产品的贮藏性能，原料乳采用 90～95 °C，15～30 min，甚至更强的杀菌条件，然后冷却到接种温度。

3. 发酵剂及接种量

生产活菌型乳酸菌饮料时，为了提高产品的保健作用，有时可加入嗜酸乳杆菌、双歧杆菌等保健作用较强的菌种。但在生产杀菌型酸乳饮料时，只需考虑其产酸能力以及风味即可。因此在选择发酵剂菌种时，主要是采用酸乳发酵剂，或者单独使用保加利亚乳杆菌，有时也采用发酵温度较低的干酪乳杆菌。发酵剂的接种量通常也采用 2% ~ 3%。

4. 发　酵

发酵剂加入原料乳中，经充分混匀后静置发酵，为了充分利用乳酸菌的发酵产酸以及形成的风味物质，通常采用较长的发酵时间（10 h 至几天），使发酵酸度达 1.5% ~ 2%。

5. 糖、稳定剂及酸味剂的处理

（1）糖：一般选用蔗糖，也可采用果葡糖浆，使用糖类的种类在改变甜度之外还要考虑与保持乳酸菌活菌数有关的渗透压来加以选择。蔗糖中一般都含有一定杂质，不能直接添加，须溶解成糖浆经过滤后加入。

（2）稳定剂：稳定剂种类很多，通常使用的有羧甲基纤维素（CMC）、羧甲基纤维素钠（CMC-Na）、藻酸丙二醇脂（PGA）、卡拉胶、海藻酸钠、明胶、果胶等。稳定剂使用量是根据饮料中的乳固形物含量、糖酸比例决定的。一般情况下，稳定剂的使用总量≤1.0%。稳定剂较难溶解，通常将糖和稳定剂按（5∶1）~（10∶1）的比例干混后，按稳定剂量的 2% ~ 3%首先制成水溶液。由于稳定剂易结团成块，增加溶解难度，通常是将糖和稳定剂均匀、缓慢加入水中，边加入边搅拌，直至完全溶解为止。

乳酸菌饮料中最常使用的稳定剂是纯果胶与其他稳定剂的复合物。通常果胶对酪蛋白颗粒具有最佳的稳定性。这是因为果胶是一种聚半乳糖醛酸，在 pH 为中性和酸性时带负电荷。将果胶加入酸乳中时，它会附着于酪蛋白颗粒的表面，使酪蛋白颗粒带负电荷。由于同性电荷互相排斥，可避免酪蛋白颗粒间相互聚合成大颗粒而产生沉淀。考虑到果胶分子在使用过程中的降解趋势以及它在 pH 4 时稳定性最佳的特点，杀菌前一般将乳酸菌饮料的 pH 调整为 3.8 ~ 4.2。

（3）酸味剂：生产酸性乳饮料最常用原料之一，其目的是改善饮料风味，与糖一起赋予饮料爽口的酸甜味，同时还具有一定的抑菌作用。生产乳酸菌饮料加酸时不能添加固体酸，防止酸分布不匀，应配成较低浓度的溶液缓慢加入，快速搅拌，使其 pH 急剧下降，快速通过酪蛋白的等电点。生产中常用的有机酸有柠檬酸、乳酸、苹果酸等。有时也使用复合酸味剂，添加量为 0.3% ~ 0.5%。

酸味剂也可加入糖和稳定剂的混合液中，经杀菌后与发酵乳混合，也可单独溶解后最后加入。

（4）色素：焦糖色或β-胡萝卜素等可以使用，采用何种色素要依最终产品中的香型而定，使味与色互相吻合。

（5）香精：柑橘系列的果汁香精或菠萝香精为最常用，亦可使用香蕉、鲜桃、木瓜、芒果等香精。

6. 破碎凝乳、混合

发酵过程结束后要进行冷却和破碎凝乳，破碎凝乳的方式可以采用边碎乳、边混入已杀菌的稳定剂、糖液等混合料。厂家可根据自己的配方进行配料。

7. 均　质

均质使混合料液滴微细化，提高料液黏度，抑制粒子的沉淀，并增强稳定剂的稳定效果。乳酸菌饮料较适宜的均质压力为 20 ~ 25 MPa，温度为 53 °C 左右。

8. 杀　菌

发酵调配后的杀菌目的是延长饮料的保存期。经合理杀菌、无菌灌装后的饮料，其保存期可达 3 ~ 6 个月。由于乳酸菌饮料属于高酸食品，故采用高温短时巴氏杀菌即可得到商业无菌，也可采用更高的杀菌条件如 95 ~ 108 °C、30 s 或 110 °C、4 s。活菌型乳酸菌饮料采用无菌包装即可。

（三）乳酸菌饮料常用配方

由于各厂家产品及生产工艺都有所差异，因此产品的配料也有所不同，常见的配料比见表 5-1、表 5-2。

表 5-1　酸乳型乳酸菌饮料配料比

原材料	比例/%
发酵脱脂乳	40.00
蔗糖	14.00
稳定剂	0.35
香料	0.05
色素	适量
水	45.60

表 5-2　果蔬型乳酸菌饮料配料比

原材料	比例/%
发酵脱脂乳	5.00
果汁	10.00
蔗糖	14.00
稳定剂	0.20（必要时）
柠檬酸	0.15
维生素 C	0.05
香料	适量
色素	适量
水	70.50

四、乳酸菌饮料的质量控制

（一）饮料中活菌数的控制

乳酸菌活性饮料要求每 1 mL 饮料中含活的乳酸菌 100 万个以上。欲保持较高活力的乳酸菌，发酵剂应选用耐酸性强的乳酸菌种（如嗜酸乳杆菌、干酪乳杆菌）。

为了弥补发酵本身的酸度不足，可补充柠檬酸等，但是柠檬酸的添加会导致活菌数下降，所以必须控制柠檬酸的使用量。苹果酸对乳酸菌的抑制作用较小，与柠檬酸并用可以减少活菌数的下降，同时又可改善柠檬酸的涩味。

（二）沉　淀

沉淀是乳酸菌饮料最常见的质量问题。乳蛋白中 80%为酪蛋白，其等电点 pI 为 4.6。乳酸菌饮料的 pH 在 3.8～4.2，此时，酪蛋白处于高度不稳定状态。此外，在加入果汁、酸味剂时，若酸浓度过大，加酸时混合液温度过高，或加酸速度过快及搅拌不匀等，均会引起局部过度酸化而发生分层和沉淀。为使酪蛋白胶粒在饮料中呈悬浮状态，不发生沉淀，应注意以下几点：

1. 均　质

经均质后的酪蛋白微粒，因失去了静电荷、水化膜的保护，使粒子间的引力增强，增加了碰撞机会，容易聚成大颗粒而沉淀。因此，均质必须与稳定剂配合使用，方能达到较好效果。

2. 稳定剂

乳酸菌饮料中常添加亲水性和乳化性较高的稳定剂，稳定剂不仅能提高饮料的黏度，防止蛋白质粒子因重力作用下沉，更重要的是它本身是一种亲水性高分子化合物，在酸性条件下可与酪蛋白结合形成胶体保护，防止凝集沉淀。

此外，由于牛乳中含有较多的钙，在 pH 降到酪蛋白的等电点以下时以游离钙状态存在，Ca^{2+}与酪蛋白之间发生凝集而沉淀，可添加适当的磷酸盐使其与 Ca^{2+}形成螯合物，起到稳定作用。

3. 添加蔗糖

添加 10%左右的蔗糖不仅使饮料酸中带甜，而且糖在酪蛋白表面形成被膜，可提高酪蛋白与其他分散介质的亲水性，并能提高饮料密度，增加黏稠度，有利于酪蛋白在悬浮液中的稳定。

4. 添加有机酸

添加柠檬酸等有机酸类是引起饮料产生沉淀的因素之一。因此，需在低温条件下添加，添加速度要缓慢，搅拌速度要快。

5. 发酵乳的搅拌温度

为了防止沉淀产生，还应注意控制好搅拌发酵乳时的温度。若高温时搅拌，凝块将收缩硬化，造成蛋白胶粒的沉淀。

（三）脂肪上浮

在采用全脂乳或脱脂不充分的脱脂乳作原料时，由于均质处理不当等原因引起脂肪上浮，应改进均质条件，同时可添加酯化度高的稳定剂或乳化剂如卵磷脂、单硬脂酸甘油酯、脂肪酸蔗糖酯等。最好采用含脂率较低的脱脂乳或脱脂乳粉作为乳酸菌饮料的原料。

（四）果蔬原料的质量控制

为了强化饮料的风味与营养，常常加入一些果蔬原料，由于这些物料本身的质量原因或在配制饮料时处理不当，会使饮料在保存过程中出现变色、褪色、沉淀、污染杂菌等。因此，在选择及加入这些果蔬物料时应注意杀菌处理。另外，在生产中可适当加入一些抗氧化剂，如维生素 C、维生素 E、儿茶酚、EDTA 等，以增强果蔬色素的抗氧化能力。

（五）杂菌污染

在乳酸菌饮料酸败方面，最大问题是酵母菌的污染。酵母菌繁殖会产生二氧化碳，并形成酯臭味和酵母味等不愉快风味。另外，霉菌耐酸性很强，也容易在乳酸中繁殖并产生不良影响。酵母菌、霉菌的耐热性弱，通常在 60 °C，5 ~ 10 min 加热处理时即被杀死，制品中出现的污染主要是二次污染所致。所以使用蔗糖、果汁的乳酸菌饮料其加工车间的卫生条件必须符合有关要求，以避免制品二次污染。为了有效地防止霉菌、酵母菌在产品内的生长繁殖，降低坏包、沉淀、酸包等腐坏的现象，在活性乳酸菌饮品中添加抑制酶 Delvocid 对真菌（霉菌、酵母菌）有极强的抑制，10 ~ 20 mg/kg 的添加量可延长产品货架期 5 ~ 6 倍。

为避免活性乳酸菌饮料在销售、贮存过程中，出现由于袋内的酵母菌、大肠菌群、细菌、霉菌等杂菌生长繁殖产气、产酸而造成的坏包现象（胀包、酸包、霉包、黏团包），可以从以下几方面入手来解决这些导致坏包现象的问题。

（1）对发酵剂生产设备进行清洗消毒，杜绝卫生死角，在制备工作发酵剂的过程中，采用无菌工具在无菌室内操作，对使用的设备进行有效的清洗和消毒，进入发酵剂生产室的空气必须经过过滤，确保环境、工具、人员的卫生。

（2）严格控制奶源的微生物指标，原料乳必须经冷却后储存，储存温度控制在不超过 6 °C，储存时间不超过 24 h。在生产过程中杀菌温度控制在 90 ~ 95 °C，时间 15 ~ 30 min，原料中的细菌可被杀死，从而达到要求的组织结构及风味。

（3）加强生产过程的卫生要求和现场卫生管理，改善生产环境及提高员工的素质，保持良好的个人卫生习惯，将直接有利于提高产品质量。确保生产环境的空气细菌数≤ 300 m^{-3}，酵母菌、霉菌≤5.0 m^{-3}。

（4）在设备卫生方面，管道的安装要合理，进行有效的CIP清洗，控制清洗液浓度、温度、流量和循环时间以确保清洗的有效性，手工清洗设备做到不留死角，灌装机在维修更换零件后应进行清洗消毒，确保设备的清洁卫生。

（5）包装材料质量不合格，将起不到应有的避光和防止湿空气透过的作用；复合膜表面有不同程度的微细孔、沙眼，包材薄厚不均，可造成切口不正、受热不均、封口不严、出现渗漏；以及包材不卫生，清洁消毒不彻底，都可能造成坏包现象。因而包装材料的卫生质量很重要，包材进入灌装间必须清洁、紫外消毒之后使用。包装材料在进厂之前也要按要求严格把关，确保材质质量。

（6）运输中磨损、挤压以及贮存、运输不在冷藏链条件下操作，都会造成坏包现象，为确保产品质量，贮存、运输须形成冷藏链。

（7）对果汁进行吸附处理，其目的是利用吸附剂的吸附作用吸附果汁中的休眠细菌，防止杂菌在乳酸菌发酵过程中的繁殖。而吸附处理应对果汁的其他成分无影响。

第二节 发酵酪乳

生产奶油时，稀奶油经搅拌后排出的液体部分称酪乳。酪乳中所含成分与脱脂乳相近似，只是水分含量略高，脂肪含量稍多。但酪乳中含氮物的性质，由于其中存在一部分脂肪球膜蛋白，因此与脱脂乳有所不同。此外，生产酸性奶油时的酪乳，乳酸含量较高（约0.5%），因此乳糖的含量较少。酪乳在胃中容易凝固，形成的凝块小而软，因此容易消化。酪乳的主要成分及组成如5-3所示。

表5-3　酪乳的组成　　%（质量分数）

种　类	水分	蛋白质	脂肪	乳糖	灰分	乳酸
甜性奶油的酪乳	91.25	3.00	0.55	4.40	0.73	0.04
酸性奶油的酪乳	91.70	3.00	0.65	3.40	0.65	0.60

发酵酪乳是以脱脂乳或酪乳为原料，经嗜温性乳酸菌发酵所制成的发酵乳。发酵酪乳在北欧国家极为盛行，常常替代牛乳作为饮料直接饮用或与谷物食品一起作为早餐。

酪乳是生产奶油时的副产品，大约每生产1 kg奶油可产酪乳3 kg。酪乳是很好的乳饮料原料，过去大都弃掉未加利用，实属可惜，但酪乳直接作为饮料灌装后其风味逐渐变劣，保存期不长，这是因为酪乳中含脂肪0.55%左右并含有较多的磷脂，与空气较长期接触后，易引起氧化，致使风味不良，同时也促使乳清分离。对这些缺陷的防止较为困难，近年来为了克服上述风味变劣和保存期短等问题，多用脱脂乳或低脂乳为原料经发酵制成发酵酪乳，灌装后其风味和组织状态差以及保存期短的问题获得了解决，可以制造出上等的产品。有时还在生产过程中添加少许奶油，经均质后制成的成品胜过天然酪乳。

一、发酵剂的菌种及制备

（一）发酵剂所用菌种

发酵酪乳常用发酵剂中的乳酸菌有两类，一类是乳链球菌和乳油链球菌，这两种微生物的主要作用是产生乳酸；另一类是乳链球菌丁二酮亚种和乳油明串珠菌，这两种微生物的主要作用是形成发酵酪乳所特有的风味或芳香味。

（二）发酵剂的制备

1. 母发酵剂的制备

新鲜优质脱脂乳 200 mL 加入 500 mL 三角瓶中，加棉塞，加压灭菌 15 min，然后冷却到 21 °C，接种 3%左右的培养好的试管原菌，在 21 ~ 23 °C 恒温箱中培养 12 h，最后酸度达 80 ~ 85 °T，凝固状态均匀稠密，无乳清分离，即为母发酵剂，放冰箱中保持 4 °C 贮藏备用。

2. 工作发酵剂的制备

工作发酵剂用新鲜优质脱脂乳，制备的数量可按最后生产发酵酪乳的 6% ~ 10%计算，根据每日产量来确定。脱脂乳经 88 ~ 95 °C，30 min 杀菌后冷却到 21 °C，接种 7%的母发酵剂，在 21 ~ 23 °C 下恒温培养 12 h，最后酸度约为 90 ~ 100 °T，具芳香风味，应立即冷却到 4 °C 以下，以免其继续发酵致使成熟过度，影响组织状态。工作发酵剂不应贮藏过久，最好当天使用。

二、发酵酪乳的生产工艺

（一）工艺流程

发酵酪乳的生产工艺流程见图 5-2。

原料→净化→标准化→均质→杀菌→冷却→接种→发酵→冷却、搅拌→调配饮料或直接灌装

图 5-2　发酵酪乳的生产工艺流程

（二）工艺要求

1. 原料的预处理

发酵酪乳的原料既可以采用天然酪乳也可以采用脱脂乳或低脂乳，在原料中添加适量脂肪可改善产品的稠度和风味。可依产品要求标准化至脂肪含量为 0.5% ~ 3%，非脂乳固体为 8.25% ~ 9%。

2. 均质、杀菌

均质压力为 17 ~ 20 MPa。若产品中需要有少量的脂肪，可采用两级均质，一级为 13.8 MPa，第二级为 3.5 MPa。均质之后，再加热至 85 °C 保温 30 min 或 95 °C 保温 5 min 杀菌。这样的条件不仅能达到杀灭细菌、钝化原料中对发酵剂具有抑制作用的成分，而且会增强乳蛋白的吸水能力，避免产品的乳清析出。

3. 接种培养

杀菌结束后，冷却到 18 ~ 20 °C，添加工作发酵剂，添加量为原料乳的 2%，必须很快在乳中混匀，时间大约 10 min。但搅拌当中须注意不得生成泡沫以免带入空气，所以最好在杀菌前进行脱气处理，因为不脱除乳中空气则易使产品产生许多缺陷，如乳清分离、稠度不正常，或引起显著变化，如出现絮块，全体变稀等。发酵时间大约需 20 h（20 °C），发酵结束时的酸度达 90 ~ 100°T。在此酸度下可以产生足够的风味化合物。不同酸度下风味化合物的形成情况见表 5-4。

表 5-4 不同酸度下风味化合物的形成情况

发酵时间/h	滴定酸度/%	pH	乳糖/%	丁二酮/（$\times10^{-6}$）	乙酰甲基甲醇[NaOH（$\times10^{-6}$）]	挥发酸 0.1 M NaOH	柠檬酸/%
0	0.18	6.44	5.3	0.2	1.0	0.18	0.14
3	0.19	6.29	5.3	0.1	1.7	0.27	0.13
6	0.28	6.10	5.1	0.1	1.9	0.39	0.12
9	0.44	5.37	5.1	0.3	7.1	0.63	0.10
12	0.68	4.83	4.9	0.1	30.1	1.20	0.09
14	0.82	4.59	4.5	2.1	57.9	1.72	0.08
16	0.89	4.56	4.5	2.8	97.2	2.73	0.05
24	0.97	4.44	4.4	2.5	103.5	3.52	0.02

4. 冷却、搅拌

发酵结束后，然后迅速冷却并开始再搅拌，以免酸度进一步提高而使丁二酮转化为 2，3-丁二醇，冷却温度为 5 °C 左右。冷却时在发酵酪乳中加入 1.25% ~ 2.50%的精盐可增加风味。这时搅拌不能开始过早，否则乳清会分离出来致使成品形成缺陷。

5. 调配饮料或直接灌装

搅拌结束后可直接灌装入库冷藏，也可以调配成饮料。可参考乳酸菌饮料调制方法。

三、发酵酪乳风味的影响因素

发酵酪乳与普通酸乳的最大区别在于风味。在酸乳中，最主要风味成分是乙醛，而在发酵酪乳中，最主要的风味物质是丁二酮。影响发酵酪乳风味的主要因素是发酵剂菌种、氧气含量和柠檬酸的浓度。

（一）发酵剂菌种

发酵剂中的乳酸菌在培养过程中的产酸速度对发酵酪乳特殊风味的形成至关重要，产酸过快或过慢均不利于发酵酪乳特殊风味的形成。发酵剂中的丁二酮乳链球菌和乳油明串珠菌可以利用乳中的柠檬酸盐产生丁二酮，同时产生二氧化碳。当柠檬酸盐的浓度被降低至一定的浓度后，部分乳链球菌会进一步代谢丁二酮，产生乙偶姻（3-羟基-2-丁酮），从而减少丁二酮在最终产品中的浓度。此外，部分嗜冷和嗜温乳球菌在冷藏过程中也可进一步代谢丁二酮，因此，发酵剂菌种的选择非常重要。研究表明，发酵剂菌种经过发酵和冷藏之后，菌种的某些特性会发生变化，如某些菌种的质粒会丢失，而丢失质粒的乳链球菌代谢丁二酮的能力比未丢失质粒的大大降低。因此，利用质粒模型进行筛选就有可能选育出能产生丁二酮同时又不消耗丁二酮的发酵剂菌种。

（二）氧气含量

提高乳中氧气的含量有助于最大限度地产生丁二酮。因此在搅拌冷却阶段适当地混入空气能改善产品的风味。但是如果操作不当，混入过多空气则会降低产品的黏度，同时造成乳清容易析出。

（三）柠檬酸盐的浓度

乳中柠檬酸盐是形成丁二酮的底物。当柠檬酸盐被耗尽后，丁二酮就会被还原成羟丁酮，使发酵酪乳的风味发生变化。在实际生产过程中，常常在乳中添加 0.05%～0.1%的柠檬酸来保证足够的形成丁二酮的底物。

除了通过控制发酵剂菌种、氧气和柠檬酸含量之外，为了改善发酵酪乳的风味，在冷却搅拌时还可以加入 0.1%左右的盐。常用食盐，也可以用氯化钾来替代食盐，而不会引起风味的明显改变。

第三节 乳酸菌饮料新产品研发

一、嗜酸乳杆菌发酵嫩黑玉米乳酸菌饮料的生产

随着生活水平的提高，人们对特种玉米尤其是黑玉米的功效越来越认可，黑玉米籽粒中除含有大量的黑色素外，其蛋白质、脂肪等含量均高于黄玉米，其蛋白质含量比黄玉米籽粒中的蛋白质含量高 1.21%。从蛋白质的氨基酸构成来看，黑玉米籽粒中所含氨基酸的种类比较齐全，在二者共同含有的 17 种氨基酸中，黑玉米就有 13 种氨基酸的含量高于黄

玉米，特别是与人体生命活动密切相关的赖氨酸、精氨酸的含量，分别比黄玉米的含量提高了 25.00%和 66.67%。

嗜酸乳杆菌是广泛地存在于人及一些动物肠道中的微生物，它在代谢过程中可产生乳酸、抗生素（细菌素）、醋酸等，具有抑制肠道内有害微生物的作用。由于该菌具有耐酸性和耐胆汁性而经胃肠道残存，因此国内外对该菌在食品上的开发极为重视，该菌被称为第三代乳发酵剂菌，是一种保健功能极强的菌种。以嫩黑玉米和鲜牛奶为主原料，经嗜酸乳杆菌及其他乳酸菌混合发酵后，混合调配成乳酸菌饮料，具有双重的营养功效，使产品更易消化吸收；同时达到了动物性与植物性食物在营养上的互补，还可大大降低生产成本。该发酵酸饮料提高了黑玉米制品的营养价值，对黑玉米附加值的增加具有十分现实的意义。

（一）工艺流程

嗜酸乳杆菌发酵嫩黑玉米乳酸菌饮料的工艺流程见图 5-3。

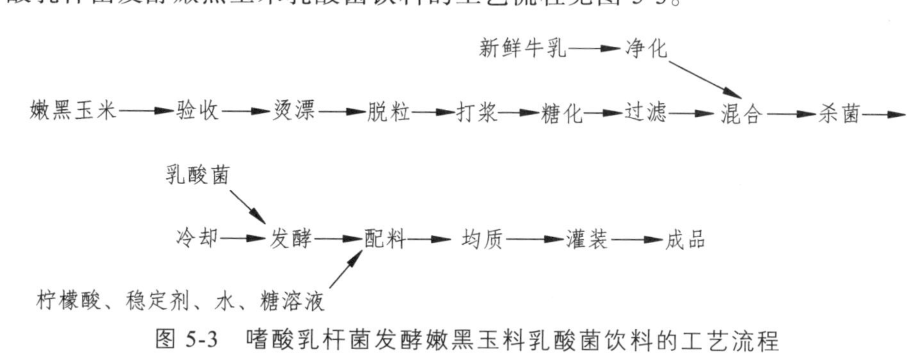

图 5-3　嗜酸乳杆菌发酵嫩黑玉料乳酸菌饮料的工艺流程

（二）工艺要点

1. 嫩黑玉米烫漂

选取籽粒完整、饱满，无虫蛀、无霉变的新鲜嫩黑玉米，置于 100 °C 热水中，烫漂 12 分钟进行灭酶处理。

2. 嫩黑玉米打浆、过滤

将烫漂后的嫩黑玉米脱粒后，按 1∶2 的比例与水混合，放入高速组织捣碎机内打浆，并过滤。

3. 嫩黑玉米浆糖化

将玉米浆用α-淀粉酶进行液化，然后加葡萄糖淀粉酶进行糖化，测定其葡萄糖当量（DE）值。

4. 糖化液的过滤

将糖化液先用一层纱布过滤去渣，再用四层纱布过滤去渣。

5. 原料混合、杀菌

将原料乳与过滤后的糖化液混合后，在 95 °C 杀菌 10 min 并快速冷却到 43 °C，准备接种。

6. 接种发酵

接种嗜酸乳杆菌与丁二酮乳酸链球菌混合菌种，菌种配比为 1∶1，接种量为 6%，发酵温度为 43 °C，定时检查，待酸度达 0.7%～0.8%（乳酸度），凝乳时间大约为 4～5 h，即可取出并冷却至 20 °C，进行调配。

7. 混合调配

将柠檬酸、稳定剂、水、糖溶液与发酵乳相混合，调酸度至 3.9～4.2。

8. 均　质

预热到 53 °C，在 25 MPa 的压力下进行均质。

9. 灌　装

在无菌条件下进行灌装，灌装后即获得成品。

（三）影响嫩黑玉米乳酸菌饮料生产的主要因素

1. 嫩黑玉米浆糖化时液化的葡萄糖当量值（DE）

虽然嫩玉米乳熟期淀粉含量较普通玉米低，但也有一定量的积累，为避免淀粉对产品的品质造成一定的影响，同时也为乳酸菌增加可供发酵的糖类物质，因此要采用淀粉酶对淀粉进行水解，让其在最短时间内生成尽可能多的葡萄糖；由于α-淀粉酶是一种内切酶，其初期水解速度很快，而葡萄糖淀粉酶是外切酶，初期水解需要大量的底物，但水解后期葡萄糖产量高，所以先用α-淀粉酶进行液化，再用葡萄糖淀粉酶进行完全糖化（DE 值≥98%）。调 PH 为 6.5（α-淀粉酶不耐酸），调温至 55 °C，加入米曲霉α-淀粉酶（12 μg/g），进行液化，测定其 DE 值，再调 PH 为 4.5，温度至 60 °C，加入黑曲霉产葡萄糖淀粉酶（200 μg/g），进行糖化，测定 DE 值，糖化后 DE 值为 98%以上。液化 DE 值与糖化时间的关系见图 5-4。

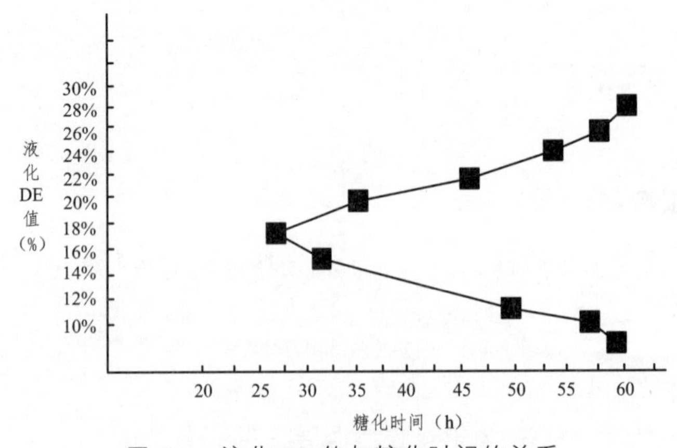

图 5-4　液化 DE 值与糖化时间的关系

由图 5-4 可以看出，液化液的 DE 值并不是越大，底物越多，葡萄糖淀粉酶的水解时间就越短，主要原因就是糖化酶（葡萄糖淀粉酶）对底物的多少是有一定要求的，液化过度或过轻都不利于糖化酶的作用，当液化液的 DE 值为 18%时，糖化的时间最短为 27 h，此时液化时间为 48 min。

2. 嫩黑玉米浆糖化液与原料乳配比的选择

糖化液与原料乳的比例直接影响到本品风味、成本等一系列重要指标，选 1：1、1.5：1、2：1、2.5：1 等 4 个不同配比的发酵原料，在其他各项工艺条件（发酵温度、时间）不变的前提下，选以混合发酵后的酸乳进行感官鉴定，从色泽、组织状态、风味三方面评比，嫩黑玉米浆糖化液与原料乳的配比试验结果如表 5-5 所示，从表 5-5 可以看出以 2：1 的配比和 2.5：1 的配比为最佳，同时 2：1 的配比的组织状态要好于 2.5：1 的配比，但嫩玉米的新鲜风味体现不如 2.5：1 的配比，故选取 2.5：1 的配比为最优方案。

表 5-5　糖化液与原料乳的配比选择

试验号	糖化液（V）/ 原料乳（V）	感官鉴定（百分计）
1	1：1	78
2	1.5：1	82
3	2：1	91
4	2.5：1	89

3. 最佳发酵条件

一般情况下，生产中所采用的菌种除必须具有较高的产酸能力外，还要求制作成的酸乳风味及组织结构良好。嗜酸乳杆菌虽然产酸及凝乳性能比较好，但该菌发酵不生成乙醛及丁二酮等风味物质，因此单独使用其发酵生产出的产品口感不佳。为提高酸乳风味，加入一定比例的丁二酮乳链球菌来混合发酵。

为确切了解嗜酸乳杆菌和丁二酮乳链球菌生长中最佳的发酵条件，选择菌种配比、接种量、发酵温度等三因素，以酸乳的风味（10 分计）、组织状态（10 分计）为综合指标，进行 3 因素 2 水平的 $L_4(2^3)$ 正交实验。由于同时凝乳时间的长短直接影响产品的成本，所以还需要兼顾考虑凝乳时间。正交实验设计及结果分别见表 5-6、表 5-7、表 5-8。

表 5-6　酸乳最佳发酵条件正交设计表

实验号	A 菌种配比（杆菌：球菌）	B 接种量/%	C 发酵温度/°C
1	A_1（1：1）	B_1（4）	C_1（40）
2	A_1	B_2（6）	C_2（43）
3	A_2（2：1）	B_1	C_2
4	A_2	B_2	C_1

表 5-7　酸乳综合指标评分表

实验号	风味	组织状态	综合指标	备注（凝乳时间/h）
1	8.47	9.45	17.92	5.06
2	8.43	9.48	17.91	4.53
3	6.42	9.13	15.55	4.36
4	6.31	9.06	15.37	4.27

表 5-8　酸乳最佳发酵条件正交实验结果表

实验号	A 菌种配比（杆菌：球菌）	B 接种量/%	C 发酵温度/°C	综合指标评分	备注（凝乳时间/h）
1	A_1（1：1）	B_1（4）	C_1（40）	17.92	5.06
2	A_1	B_2（6）	C_2（43）	17.91	4.53
3	A_2（2：1）	B_1	C_2	15.55	4.36
4	A_2	B_2	C_1	15.37	4.27
K_1	35.83	33.47	33.29		
K_2	30.92	33.28	33.46		
X_1	17.915	16.735	16.645		
X_2	15.46	16.64	16.73		
R	2.455	0.095	0.085		
较优水平	A_1	B_1	C_2		
主次因素	A>B>C				

比较表中 R 值的大小，可以看出，最佳发酵条件中对综合指标起决定性的因素为菌种配比，其次分别为接种量、发酵温度，故最佳发酵条件为 $A_1B_1C_2$，即菌种配比为 1∶1，接种量为 4%，发酵温度为 43 °C，但正交实验表中没有此项组合，故按此组合重新试验，试验结果为综合指标得分 17.93，凝乳时间 4.87 h。虽然此组合综合指标得分高于正交试验结果的综合指标得分，但与 $A_1B_2C_2$ 比相差不大，而凝乳时间要多 0.34 h。综合成本等因素考虑，选 $A_1B_2C_2$ 为最佳发酵条件，即菌种配比为 1∶1，接种量为 6%，发酵温度为 43 °C，凝乳时间为 4.53 h。

4. 饮料稳定剂

稳定剂的选择是发酵乳饮料品质中最关键的因素，若不添加，饮料储藏一段时间后外观上易出现浑浊、絮状沉淀、分层等现象，同时口感粗糙。经过多次实验发现，使用单独的稳定剂，其稳定效果都不太好，因此决定选用羧甲基纤维素钠（CMC-Na）、黄原胶（XG）和藻酸丙二醇酯（PGA）等组成复合稳定剂，复合稳定剂对产品的稳定结果的实验结果如表 5-9。实验表明，复合稳定剂比例为 0.3∶0.1∶0.1 时，即加入量分别为 0.3%、0.1%、0.1% 时产品稳定效果最好。

表 5-9　复合稳定剂对产品的稳定效果

试验号	CMC-Na/%	黄原胶/%	PGA/%	稳定效果（7 天）
1	0.1	0.3	0.1	略微分层，透明度一般
2	0.2	0.2	0.1	无分层，透明度较高
3	0.3	0.1	0.1	无分层，透明度高
4	0.4	0.1	0.1	略微分层，不明显，透明度一般

5. 嫩黑玉米乳酸菌饮料配方

以乳饮料的加水百分率、加糖量、pH 值（柠檬酸调酸）为因素，进行 3 因素 2 水平的 L_4（2^3）正交实验，确定最佳配比。综合指标评分的标准根据配方成品的口感是否细腻，酸甜是否可口，气味是否具有嫩黑玉米的特有气味及发酵乳制品特有的香味等进行评比，共计 10 人参与评分（百分计），设计及结果分别见表 5-10、表 5-11、表 5-12。

表 5-10　饮料配方正交实验设计表

实验号	A 加水百分率/%	B 加糖量/%	C pH 值
1	A_1（30）	B_1（9）	C_1（3.9）
2	A_1	B_2（12）	C_2（4.2）
3	A_2（45）	B_1	C_2
4	A_2	B_2	C_1

表 5-11　饮料综合指标评分表

实验号	口感（30 分）	酸甜（30 分）	气味（40 分）	综合指标
1	26	28	30	84
2	24	26	31	81
3	22	28	38	88
4	23	27	37	87

表 5-12　饮料配方正交实验结果表

实验号	A 加水百分率/%	B 加糖量/%	C pH 值	综合指标评分
1	A_1（30）	B_1（9）	C_1（3.9）	84
2	A_1	B_2（12）	C_2（4.2）	81
3	A_2（45）	B_1	C_2	88
4	A_2	B_2	C_1	87
K_1	165	172	171	
K_2	175	168	169	
X_1	82.5	86	85.5	
X_2	87.5	84	84.5	
R	5	2	1	
较优水平	A_2	B_1	C_1	
主次因素	A>B>C			

由表 5-12 可以看出，比较表中 R 值的大小，在饮料配方中影响产品品质的主次因素排序为加水百分率 > 加糖量 > pH 值，嫩黑玉米乳酸菌饮料的最佳配方为 $A_2B_1C_1$，但正交实验表中没有此项组合，故按此组合重新试验，试验结果的综合指标得分为 89 分，高于已出现的得分，故确定其为最佳配方，即加水百分率为 45%，加糖量 9%，pH 值（柠檬酸调酸）为 3.9。

二、灰树花乳酸菌饮料生产工艺

灰树花（*Grifola frondosus*）又名栗蘑、莲花菌、贝叶多孔菌，分类学隶属担子菌亚门、层菌纲、多孔菌科（*polyporaceae*）、树花属。日本、俄罗斯、北美地区，中国的长白山区、四川、云南、浙江及福建等地均有分布。目前，我国对其人工栽培已由小规模试种转向大规模生产。灰树花子实体形态俏丽，肉质柔软，脆如玉兰，味如鸡丝，极受国内外消费者的青睐。其体内富含多糖、蛋白质和氨基酸、维生素等物质，营养价值较高；其多糖多为葡聚糖，具有非常强的抗癌活性；氨基酸含量高，有 19 种，其中 8 种是人体必需的氨基酸；研究表明，灰树花还具有抑制高血压和肥胖症，预防动脉硬化，增强机体免疫力等辅助功能。由于灰树花丰富的营养价值和广泛而显著的药用效果，开发灰树花功能性乳饮料具有广阔的前景，同时对提高农产品的附加值具有十分现实的意义。

（一）工艺流程

灰树花乳酸菌饮料生产工艺流程见图 5-5。

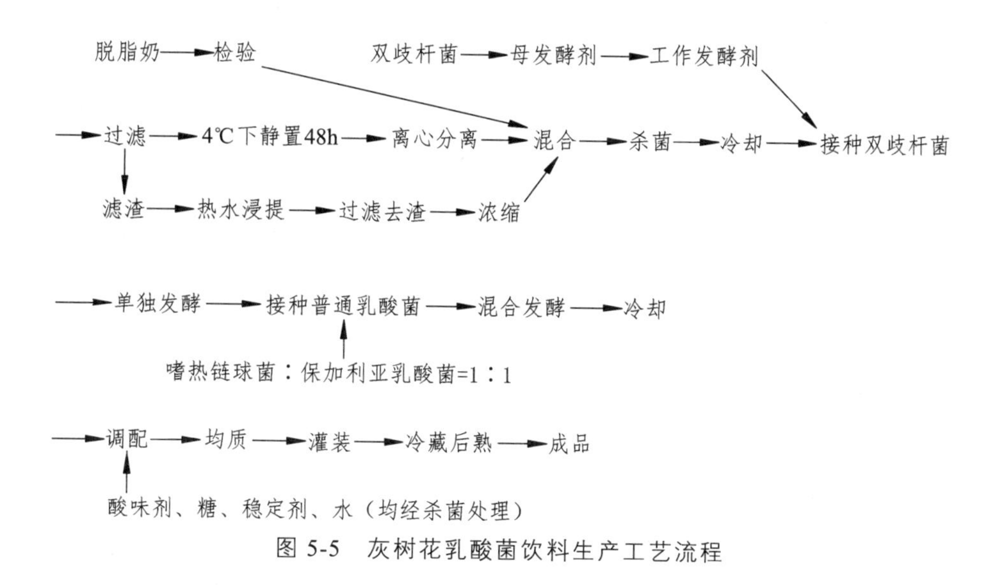

图 5-5　灰树花乳酸菌饮料生产工艺流程

（二）工艺要点

1. 灰树花菌汁制作的工艺要点

（1）选料：应选取新鲜、无腐烂、无虫害、香味浓的鲜灰树花菌。

（2）清洗、去杂：用符合国家饮用水标准的自来水清洗，同时去除杂质。

（3）切块：将洗净的灰树花用刀切块，大小为 1 cm × 1 cm。

（4）护色处理：为防止灰树花菌汁色泽在加工过程中发生变化，在榨汁前加入 0.2‰ V_C 来防止其色泽发生变化。

（5）榨汁、过滤：灰树花菌用多功能榨汁机榨汁后，菌汁用五层纱布过滤，并挤压菌渣得到菌汁。

（6）滤汁处理：滤汁在 4 °C 下静置 48 h，使果胶质析出，再用离心机分离，得到澄清的菌汁。菌汁不仅外观良好，而且保持其应有的营养价值和风味。

（7）滤渣处理：过滤后所得滤渣还含有大量多糖、氨基酸、多肽、核酸以及少量矿物质等，还须将这些有益成分回收。采用热水浸提方式，料水比为 1：（10 ~ 15），在 96 °C ~ 100 °C 以下加热 2 ~ 3 h，然后过滤，所得滤液中的固形物含量较低，一般只有 0.1% ~ 0.5%，采用蒸发浓缩方式使浓缩液中固形物含量达到 10%左右。

2. 灰树花功能性乳饮料制作的工艺要点

（1）脱脂乳的检验：按国家规定项目对脱脂乳进行感官检验、理化检验、微生物检验，特别要求脱脂乳中无抗生素残留。

（2）混合：将脱脂乳和灰树菌汁按一定比例相混合，搅拌均匀后，过滤。

（3）杀菌、冷却：杀菌温度为 95 °C，时间 5 min；杀菌后，快速冷却到 40 °C，准备接种。

（4）接种双歧杆菌、单独发酵：由于双歧杆菌发酵产酸速度较慢，故先单独发酵。将选定的双歧杆菌接种在已杀菌的混合原料中，接种量 5%，温度 42 °C，发酵时间 20 h。

（5）接种普通乳酸菌、混合发酵：向已单独发酵的混合原料中投入普通乳酸菌种（嗜热链球菌：保加利亚乳杆菌 = 1：1）3%，温度 41 °C ~ 43 °C，与双歧杆菌共同混合发酵 2 ~ 3 h。当酸度刚超过 80 °T，即停止发酵。

（6）冷却、调配：发酵结束后，冷却至 20 °C，加入已杀菌过滤的蔗糖溶液、复合稳定剂，加净化水调至规定浓度，用柠檬酸调酸，至 pH 为 3.9 ~ 4.2，整个操作应保持无菌。

（7）均质、罐装、冷藏：调配后的发酵乳饮料先预热到 53 °C，由均质机均质，压力为 25 MPa，均质结束后，罐装，然后在 4 °C 以下进行冷藏。

（三）影响灰树花乳酸菌饮料生产的主要因素

1. 脱脂乳与灰树花菌汁的配比

为尽量避免脂肪上浮现象，选用脱脂乳与菌汁相混合作为发酵的原料，对于两者的配比，在其他工艺条件不改变的前提下，分别采用不同的配比制得不同的产品，以其色泽、风味、组织状态为指标，进行感官评分（总分 100 分）比较，结果见表 5-13；感官评价表明，当菌汁（V）/脱脂乳（V）为 2：1 与 2.5：1 时，饮料的口感与外观较好，考虑成本因素，选择配比为 2：1。

表 5-13　菌汁与脱脂乳的配比选择

菌汁（V）/脱脂乳（V）	感官评分（总分 100 分）
1：1	75
1.5：1	79
2：1	82
2.5：1	83

2. 双歧杆菌的生长特性与选择

为了在饮料中保持一定数量的双歧杆菌，使其在短时间内达到一个比较理想的数值，需对双歧杆菌菌种进行选择。分别接种婴儿双歧杆菌和两歧双歧杆菌，在一定时间内比较其活菌数（10^n），结果见图 5-6。

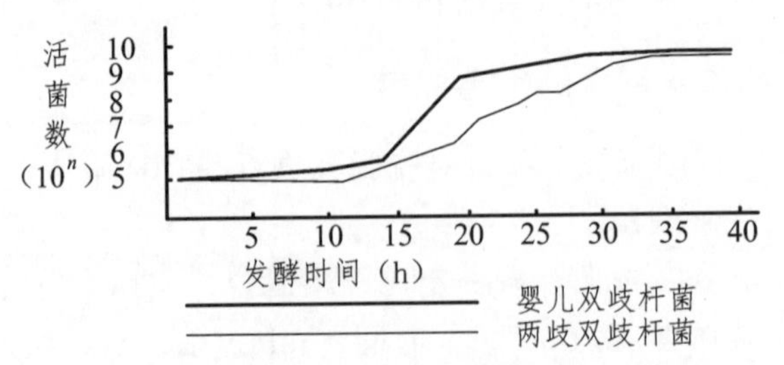

图 5-6　不同类别双歧杆菌在相同发酵条件下活菌数的比较

从图 5-6 可以看到，接种 10^5 数量级的婴儿双歧杆菌的发酵混合液，9 h 内活菌数几乎没有增长，随后数量迅速增加，20 h 达到 1.23×10^9 个/mL，30 h 后达到最高值 1.67×10^9 个/mL，继续发酵随时间延长活菌数逐渐减少；接种 10^5 数量级的两歧双歧杆菌的发酵混合液，在 12 h 内活菌数增加不明显，20 h 才达到 1.43×10^6 个/mL，35 h 后达到最高值 1.63×10^9 个/mL，继续发酵几乎没有增加。采用双歧杆菌发酵混合液并不是为了增加风味和产酸量，只是尽可能在短时间内，使发酵液中达到一定的活菌数，由于婴儿双歧杆菌 20 h 达到 1.23×10^9 个/mL，远远超过 20 h 两歧双歧杆菌的数量，且以后增加不明显，综合各方面考虑，选择婴儿双歧杆菌为双歧发酵菌种，发酵时间为 20 h。

3. 双歧杆菌与普通乳酸菌混合发酵条件

在预先选定菌汁（V）/脱脂乳（V）为 2∶1，接种婴儿双歧杆菌发酵时间为 20 h 后，在其他各项工艺条件都不变的情况下，选普通乳酸菌（嗜热链球菌：保加利亚乳杆菌 = 1∶1）添加量、发酵温度、发酵时间为实验因素，进行 3 因素 2 水平的 $L_4(2^3)$ 正交实验，以酸度为指标，确定混合发酵的工艺条件。试验设计见表 5-14，结果见表 5-15。

表 5-14　双歧杆菌与普通乳酸菌混合发酵正交试验因素 $L_4(2^3)$ 及水平表

实验号	A 普通乳酸菌添加量/%	B 发酵温度/°C	C 时间/h
1	A_1（2.5）	B_1（41）	C_1（2.5）
2	A_1	B_2（43）	C_2（3）
3	A_2（3）	B_1	C_2
4	A_2	B_2	C_1

表 5-15　双歧杆菌与发普通乳酸菌混合发酵正交试验结果表

实验号	A 普通乳酸菌添加量/%	B 发酵温度/°C	C 时间/h	酸度/°T
1	A_1	B_1（41）	C_1（2.5）	77
2	A_1	B_2（43）	C_2（3）	79
3	A_2	B_1	C_2	85
4	A_2	B_2	C_1	80
K_1	156	162	157	
K_2	165	159	164	
X_1	78	81	78.5	
X_2	82.5	79.5	82	
R	4.5	1.5	3.5	
较优水平	A_2	B_1	C_2	
主次因素	A>C>B			

比较表中 R 值的大小，可以看出发酵工艺中对酸度起决定性的因素为普通乳酸菌添加量，其次分别为时间、发酵温度，故混合发酵适宜条件为：普通乳酸菌添加量为 3%，混合发酵时间为 3 h，发酵温度 41 °C。

4. 稳定剂的选择及添加量

为解决该发酵饮料储藏一段时间后外观上易出现浑浊、沉淀、分层等现象，选用 CMC、PGA、果胶、海藻酸钠等不同稳定剂进行平行试验，然后从饮料的浑浊度、分层情况、色泽是否发生变化、口感是否粗糙等方面进行评分比较，在饮料保存 3 d 后进行评分比较（以总分 100 分计）确定对稳定剂的选择。试验结果见表 5-16，表 5-17。

表 5-16 稳定剂选择试验

稳定剂/添加量（‰）	1	2	3
A 海藻酸钠与果胶	0.05/0.10	0.10/0.10	0.15/0.15
B 海藻酸钠与 PGA	0.05/0.10	0.10/0.15	0.15/0.20
C 海藻酸钠与 CMC	0.05/0.10	0.10/0.15	0.15/0.20
D CMC 与 PGA	0.10/0.10	0.15/0.15	0.20/0.20
E CMC 与果胶	0.10/0.10	0.15/0.10	0.20/0.15
F PGA 与果胶	0.10/0.10	0.15/0.10	0.20/0.15
G 海藻酸钠、CMC 与果胶	0.04/0.05/0.05	0.06/0.08/0.05	0.08/0.10/0.08
H 海藻酸钠、PGA 与 CMC	0.04/0.05/0.05	0.06/0.08/0.08	0.08/0.10/0.10

表 5-17 稳定剂选择及用量试验结果表

稳定剂	稳定效果评分	稳定剂	稳定效果	稳定剂	稳定效果评分
A_1	82	D_1	68	G_1	86
A_2	84	D_2	76	G_2	93
A_3	87	D_3	79	G_3	91
B_1	78	E_1	66	H_1	82
B_2	74	E_2	68	H_2	80
B_3	80	E_3	69	H_3	85
C_1	77	F_1	60		
C_2	82	F_2	62		
C_3	81	F_3	62		

由表 5-17 可以看出，当选择海藻酸钠、CMC 与果胶组成的复合稳定剂，三者的添加量分别为 0.06‰、0.08‰、0.05‰时，稳定效果的评分最高，故选用海藻酸钠、CMC 与果胶的复合稳定剂，添加量分别为 0.06‰、0.08‰、0.05‰。

5. 饮料配方的确定

以混合发酵液添加量、蔗糖用量、饮料的酸度为实验因素，在其他各项工艺条件都不变的情况下，进行 3 因素 2 水平的 $L_4(2^3)$ 正交实验，通过对产品进行色泽、气味、滋味、组织状态等感官综合评分，确定最佳配比，正交设计及结果分别见表 5-18、表 5-19。

表 5-18　饮料配方正交试验因素 $L_4(2^3)$ 及水平表

实验号	A 蔗糖添加量/%	B 混合发酵液添加量	C 饮料的酸度/pH
1	A_1（5）	B_1（25）	C_1（3.9）
2	A_1	B_2（40）	C_2（4.2）
3	A_2（7）	B_1	C_2
4	A_2	B_2	C_1

表 5-19　饮料配方正交试验结果表

实验号	A 蔗糖添加量/%	B 混合发酵液添加量/%	C 饮料的酸度/pH	感官评价（总分 100 分）
1	A_1	B_1	C_1	82
2	A_1	B_2	C_2	90
3	A_2	B_1	C_2	80
4	A_2	B_2	C_1	86
K_1	172	162	178	
K_2	166	176	170	
X_1	86	81	89	
X_2	83	88	85	
R	3	7	4	
较优水平	A_1	B_2	C_1	
主次因素	B>C>A			

由表 5-19 比较 R 值的大小，可以看出对饮料品质影响最大的是混合发酵液添加量，其次分别为饮料的酸度、蔗糖添加量，最佳配方为 $A_1B_2C_1$，但正交表中没有此项组合，故按此组合重新进行试验，所得产品经感官评定后认为品质优良。故采用此组合为最佳配方，即蔗糖添加量为 5%，混合发酵液添加量 40%，饮料的酸度（用柠檬酸调酸）为 pH 4.2，其余用水分补足。

三、蒲公英乳酸菌饮料生产工艺

蒲公英是菊科多年生草本植物，食、药兼用，在我国大部分地区均有分布。据分析，每100 g嫩茎叶中含水分84 g，蛋白质4.8 g，脂肪1.1 g，糖类5.0 g，粗纤维2.1 g，钙216.0 mg，磷93.0 mg，铁10.2 mg，胡萝卜素7.35 mg，维生素 B_1 0.03 mg，维生素 B_2 0.39 mg，维生素 C 47.0 mg，烟酸1.9 g。此外，蒲公英还含有多种具有保健功能的化学成分，其全草含有肌醇、天冬酰胺、苦味质、皂苷、菊糖、果胶、胆碱、蒲公英甾醇等。祖国传统医学认为，其性味苦、甘、寒。具有清热解毒、消肿散结、利尿通淋的功效。用于疔疮肿毒、乳痈、目赤、咽痛等证。现代药理研究，蒲公英具有抗菌、抗病毒、抗胃损伤、保肝胆和抗肿瘤等作用。为了充分利用蒲公英营养及药效，同时丰富乳品市场，以蒲公英和鲜乳为主要原料混合调配研制的乳酸菌饮料，具有蒲公英的清香味与温和持久的奶香味，口感清新、爽快，是集天然、营养、保健于一体的不可多得的绿色饮品。

（一）工艺流程

蒲公英乳酸菌饮料生产工艺流程见图5-7。

蒲公英汁

鲜乳→验收→杀菌→接种→发酵→调配→均质→杀菌→灌装→成品

图5-7　蒲公英乳酸菌饮料生产工艺流程

（二）工艺要点

1. 蒲公英汁的制备

选取未开花或刚开花的子叶新鲜的蒲公英，剔除枯叶，洗掉泥沙，用10%的食盐溶液浸泡10 min，再用清水清洗干净。将定量的蒲公英放入同量的异Vc钠护色溶液中，95～100 °C的温度烫漂10 min左右，趁热迅速送入打浆机中打浆，打浆后过滤备用。

2. 鲜乳的验收、净化

按国家规定生鲜乳收购的质量标准进行感官检验、理化检验、微生物检验，要求无抗生素残留，原料乳验收后必须经过净化除去机械杂质并减少微生物数量，以便获得优质的原料乳，保证乳制品的质量。

3. 杀菌、冷却

将净化处理后的鲜乳于90～95 °C杀菌10 min，然后冷却到42 °C准备接种。

4. 接种、发酵

将保加利亚杆菌与嗜热链球菌1∶1混合制备成生产发酵剂，添加量为3%，接种到鲜乳中，于42～43 °C培养10 h，至酸度为1.5%～2.0%，活菌数达到 10^8 个/mL即可取出，发酵完毕后立即冷却至20 °C，备用。

5. 乳酸菌饮料调配、均质

将备用的蒲公英汁和发酵乳按一定比例混合后，加入经过过滤的糖溶液、稳定剂，用柠檬酸和苹果酸 1∶1 调酸至 pH 3.8 ~ 4.2，预热到 50 ~ 55 °C，于压力 20 MPa 下进行均质，必要时添加水稀释。

6. 杀菌、罐装

均质结束后，于 95 °C 杀菌 6 min，冷却至 20 °C，罐装后于冷藏库贮藏。

（三）影响蒲公英乳酸菌饮料生产的主要因素

1. 稳定剂种类

乳是多种物质组成的混合物，乳中各物质相互组成种种过渡状态的复杂的具有胶体特性的多级分散体系，所以乳酸菌饮料中既有蛋白质微粒形成的悬浮液，又有脂肪形成的乳浊液，还有由糖和添加剂形成的真溶液，是一种不稳定的多相体系。为解决不稳定这一问题，生产中常以添加稳定剂来解决。分别选用 CMC、PGA、琼脂、黄原胶、海藻酸钠与乳以一定的比例混合观察稳定效果。对于稳定效果的判定主要从饮料的浑浊度，分层情况，色泽是否发生变化，是否有絮状物，口感是否粗糙等方面进行稳定效果评分比较（总分 100 分）。试验结果见表 5-20。

表 5-20　稳定剂确定实验

试验号	稳定剂	乳中添加量/%	稳定效果（总分 100）
1	CMC	0.15	90
2	PGA	0.15	87
3	琼脂	0.15	78
4	黄原胶	0.15	66
5	海藻酸钠	0.15	72

由表 5-20 可以看出 CMC 稳定效果较其他稳定剂好，通过单因素试验确定 CMC 在蒲公英乳酸菌饮料中作为稳定剂是较合适的，具体用量通过饮料配方正交试验来确定。

2. 乳酸菌饮料的最佳配方

为确定蒲公英乳酸菌饮料的最佳配方，选用蒲公英汁的添加量、发酵乳的添加量、糖的添加量、pH（柠檬酸与苹果酸 1∶1 调酸）、稳定剂的添加量等 5 因素，在其他各项工艺条件都不变的情况下，进行 5 因素 4 水平的正交试验，以感官评分为指标（总分 100 分）来确定饮料的最佳配方。感官评分标准见表 5-21，正交试验设计及因素见表 5-22，结果见表 5-23。

表 5-21　蒲公英乳酸菌饮料感官评分标准（总分 100 分）

项　目	标准分数	项　目	标准分数
色泽	10 分	组织状态	30
香味	30 分	滋味	30

表 5-22　蒲公英乳酸菌饮料配方正交试验设计及因素表

因素	A 蒲公英汁的添加量/%	B 发酵乳的添加量/%	C 糖的添加量/%	D pH	E 稳定剂添加量/%
1	10	24	2.50	3.9	0.10
2	12	34	3.00	4.0	0.15
3	14	44	3.50	4.1	0.20
4	16	54	4.00	4.2	0.25

表 5-23　蒲公英乳酸菌饮料配方正交试验结果表

试验号	A	B	C	D	E	感官评分
1	1	1	1	1	1	63
2	1	2	2	2	2	78
3	1	3	3	3	3	74
4	1	4	4	4	4	69
5	2	1	2	3	4	73
6	2	2	1	4	3	86
7	2	3	4	1	2	79
8	2	4	3	2	1	77
9	3	1	3	4	2	80
10	3	2	4	3	1	82
11	3	3	1	2	4	76
12	3	4	2	1	3	75
13	4	1	4	2	3	72
14	4	2	3	1	4	81
15	4	3	2	4	1	79
16	4	4	1	3	2	80
X_1	71.000	72.000	76.250	74.500	75.250	
X_2	78.750	81.750	76.250	75.750	79.250	
X_3	78.250	77.000	78.000	77.250	76.750	
X_4	78.000	74.500	75.500	78.500	74.250	
R	7.750	9.750	2.500	4.000	5.000	

由表 5-23 可以看出，影响蒲公英乳酸菌饮料的主要因素顺序为发酵乳的添加量 > 蒲公英汁的添加量 > 稳定剂的添加量 > pH > 糖的添加量，最佳因素水平是 $A_2B_2C_3D_4E_2$，即蒲公英汁的添加量为 12%，发酵乳的添加量为 34%，糖的添加量为 3.5%，pH 为 4.2，稳定剂添加量为 0.15%，但正交表中没有此项组合，故按此组合重新进行试验，并进行感官评分，感官评分为 88 分，高于表中出现的评分值，所以确定采用此组合为最佳配方。

四、木瓜-紫甘蓝乳酸菌饮料生产工艺

木瓜熟果营养全面，尤其以糖分、V_C 及胡萝卜素的含量最为丰富，含糖量可达到鲜重的 8% ~ 10%。由于木瓜熟果保存期短，易腐烂，不易贮藏，作为水果鲜食的消耗量较小。因此，进行加工才是利用木瓜资源的主要途径。紫甘蓝同样营养丰富，尤其含有丰富的 V_C、V_E 和 B 族维生素。牛乳被誉为“完全食品”，几乎含有人体所需的全部营养成分。将木瓜浆、紫甘蓝与牛乳结合起来研制营养保健型番木瓜-紫甘蓝乳酸菌饮料，兼有木瓜、紫甘蓝和牛乳的多重营养保健作用。该产品既丰富了乳饮料的品种，又为木瓜和紫甘蓝的深加工提供了一条新途径。

（一）工艺流程

木瓜-紫甘蓝乳酸菌饮料生产工艺流程见图 5-8。

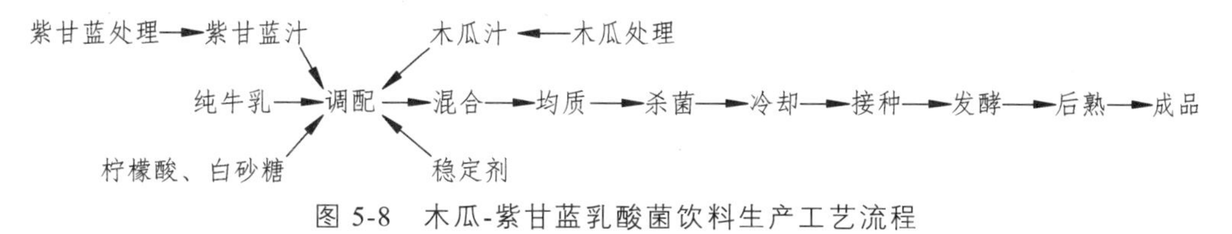

图 5-8　木瓜-紫甘蓝乳酸菌饮料生产工艺流程

（二）工艺要点

1. 紫甘蓝汁的制备

选择成熟适度的紫甘蓝，清洗干净，切片，放入榨汁机中榨汁，出汁后加入 1%V_C 护色，将紫甘蓝汁迅速搅拌后静止 10 min，过滤两次。

2. 木瓜汁的制备

选取新鲜、8 ~ 9 成熟、肉厚、无腐烂、无病虫害的木瓜，清洗干净，去籽和瓤，并破碎成瓜丁。95 °C 下热烫 5 min 灭酶。然后用打浆机打成粗浆，过滤。

3. 调配、均质

将木瓜汁和紫甘蓝汁以不同的比例制成复合果汁，然后与纯牛乳以不同的比例混合，添加适量的白砂糖、柠檬酸、稳定剂调配均匀。于 50 °C，20 MPa 下均质。

4. 杀菌、冷却、接种

将制好的原料在 85 ~ 95 °C 条件下杀菌 30 min，冷却至 42 °C，在无菌条件下接种。

5. 发酵、后熟

在 42 °C 下发酵 4 h，然后冷却至 4 °C 完成后熟，12 ~ 24 h 后即为成品。

（三）影响木瓜-紫甘蓝乳酸菌饮料生产的主要因素

1. 木瓜汁与紫甘蓝汁配比

在果汁与纯牛奶比例为 1∶1（V/V）、白砂糖添加量 8%、发酵剂接种量 3%、稳定剂 CMC/琼脂添加量 2%、发酵时间 4 h 条件下考察木瓜汁与紫甘蓝汁不同比例添加量对乳酸菌饮料质量的影响，以感官评分为指标，研究发现，木瓜汁与紫甘蓝汁的比例过小时，木瓜味偏重。比例过大时，紫甘蓝味突出，口味太甜，颜色加深。当木瓜汁与紫甘蓝汁比例为 3∶2 时，乳酸菌饮料感官鉴定评分最高。

2. 复合果汁与乳的配比

当木瓜汁与紫甘蓝汁比例为 3∶2（V/V）、白砂糖添加量 8%、发酵剂接种量 3%、稳定剂 CMC/琼脂添加量 2%、发酵时间 4 h 条件下考察纯牛奶添加量对乳酸菌饮料质量的影响，研究发现，随着复合果汁与乳的比例增大，果汁味偏重，只有淡淡的奶味，而且颜色加深，不易被人接受。当复合果汁与乳的比例为 1∶1 时，奶味浓郁，果汁清香，颜色为粉色，乳酸菌饮料感官评分最高。

3. 饮料最佳配方

为确定饮料的最佳配方，选木瓜汁/紫甘蓝汁的比例，复合果汁含量，加糖量，稳定剂量（CMC／琼脂）等 4 因素，以感官评分为指标，进行正交试验。试验设计见表 5-24，结果见表 5-25。

从表 5-25 可知，木瓜-紫甘蓝乳酸菌饮料配方的影响因素顺序为 A > B > D > C，最佳配方为 $A_2B_3C_2D_2$。即主要影响因素为木瓜汁与紫甘蓝汁的配比，其次为复合果汁的含量，然后为稳定剂的用量，最后是加糖量。其最佳配方比：木瓜汁与紫甘蓝汁的比例为 3∶2，果汁加入量为 48%，加糖量为 8%，稳定剂用 CMC/琼脂，用量为 0.3%。

表 5-24　因素水平表

水平	A 木瓜/紫甘蓝汁比例	B 果汁添加量/%	C 糖添加量/%	D 稳定剂添加量/%
1	2∶3	32	6	0.10
2	3∶2	40	8	0.15
3	4∶1	48	10	0.20

表 5-25 木瓜-紫甘蓝乳酸菌饮料配方正交试验结果表

序号	A	B	C	D	评分
1	1	1	1	1	81.8
2	1	2	2	2	85.3
3	1	3	3	3	86.3
4	2	1	2	3	89.0
5	2	2	3	1	90.1
6	2	3	1	2	90.3
7	3	1	3	2	86.8
8	3	2	1	3	82.4
9	3	3	2	1	89.2
T_1	253.4	257.6	254.5	261.1	
T_2	269.4	257.8	263.5	262.4	
T_3	258.4	265.8	263.2	257.7	
K_1	84.5	85.9	84.8	87.0	
K_2	89.8	85.9	87.8	87.5	
K_3	86.1	88.6	87.7	85.9	
R	5.3	2.7	0.1	1.6	

第六章　奶　酒

奶酒是以乳或乳制品为原料，如鲜乳、脱脂乳、乳清等发酵加工制成。目前市场上流行的各种奶酒，综合其原料、工艺、感官指标、理化指标可以分为四大类型，即蒸馏型奶酒、发酵型奶酒、发酵型乳清奶酒、勾兑型奶酒。

1. 蒸馏型奶酒

蒸馏型奶酒是将牛乳提取奶油和奶酪后的乳清液，添加（或不添加）部分鲜牛乳，经过添加陈年酒曲或自然发酵，再蒸馏而成。酒精度根据蒸馏次数高低不同，一般在 8%～30%。

2. 发酵型奶酒

发酵型奶酒是以牛乳、马乳等鲜乳为原料，添加发酵剂后经乳酸发酵、酒精发酵，生成略带碳酸气的酒精性乳饮料。如酸马奶酒（库密斯）、开菲尔乳等。这类酒的酒精含量较低，如酸马奶酒的酒精度为 1%～3%（体积分数）；开菲尔乳酒精度为 0.2%～1.1%。但该类产品富含蛋白质、维生素等营养物质，具有比较高的营养价值及生理活性。

3. 发酵型乳清奶酒

该产品以乳清液为原料，添加酸乳发酵剂和酵母发酵剂，经过发酵制成乳清原酒，再勾兑制成含糖或不含糖的乳清奶酒。酒精度为 8%～12%。

4. 勾兑（半勾兑）型奶酒

该产品以脱脂牛乳为原料，经过发酵或不发酵，以适当比例勾兑高纯度食用酒精、砂糖以及其他食品添加剂，经均质而成。酒精度一般为 20%左右。

第一节　酸马奶酒

酸马奶酒又称策格、库密斯等，其中“策格”是目前在内蒙古自治区普遍采用的酸马奶之蒙古语名称，意为“发酵马奶子”。它是以马乳为原料，经乳酸菌和具有发酵乳糖的酵母菌发酵而成的酒精性乳饮料。

酸马奶酒是我国蒙古族、新疆哈萨克族和柯尔克孜族等少数民族地区的传统乳制品。

酸马奶酒呈乳白色或稍带黄色，是均匀的悬浮乳状液体，无杂质和凝块，酸度为 70～120 °T，酒精度为 1%～3%，其风味微酸，醇厚浓郁，爽口解渴，具有很高的营养和医疗价值，因此千百年来一直为牧民所喜爱，至今仍在东欧、蒙古和我国的内蒙古、新疆等地区盛行。

一、酸马奶酒的分类

酸马奶酒中的微生物特别复杂，不同地区的产品，其微生物种类相差很大，酸马奶酒的成分也相差很大，即使是同一个地区、同样的菌种，因发酵方式和发酵时间不同，其风味和微生物组成也相差很大。根据酸马奶酒发酵方式和发酵时间的不同，将酸马奶酒分为酸马奶和马奶酒两种。两者所用的菌种大致相同，主要是乳酸菌和酵母菌的混合物，只是发酵方式有所不同。酸马奶以乳酸发酵为主，先进行乳酸发酵，而后进行轻微的酒精发酵，成熟后酸度大约为 80～120 °T，酒精含量可达 1%～2%；马奶酒是以酒精发酵为主，酒精发酵比乳酸发酵强烈，即使冷却后熟期间也在进行酒精发酵。成熟后酸度可达 80～100 °T，酒精含量最高可达 2.5%～2.7%。

二、酸马奶酒的营养价值及辅助治疗功效

（一）酸马奶酒的营养价值

马乳的营养价值较高，其成分与牛乳和羊乳相比较最接近人乳，含有丰富的乳清蛋白、蛋白胨、氨基酸、必需脂肪酸和相对较高的维生素 C、维生素 A、维生素 B_1、维生素 B_2、维生素 B_{12} 以及比例适宜的矿物质。马奶中的游离脂肪酸尤其是不饱和脂肪酸含量高，约为牛乳的 4～5 倍，其中亚油酸和亚麻酸等人体必需脂肪酸含量更高。

马乳经过发酵后成分会发生很大的变化，酸马奶酒中乳糖的含量减少，乳酸、乙醇、氨基酸、脂肪酸的含量明显增加，营养价值更高，更易被人体吸收。发酵过程中马乳主要成分变化见表 6-1、表 6-2。同时发酵产生大量 CO_2 及其他风味物质如醋酸、醇、醛、酮、醚等，赋予酸马奶酒以特有的风味。

表 6-1　发酵过程中马乳主要成分变化

发酵前成分	发酵后成分	
	减少者	增高者
乳糖	乳糖	乳酸，有机酸，醇、羰基化合物
蛋白质	蛋白质	肽、游离氨基酸
脂肪	脂肪	挥发性游离脂肪酸及不饱和脂肪酸
维生素及其他成分	维生素 B_{12}、维生素 C、生物素、胆碱等	维生素（叶酸等）、核酸，风味成分，酶类菌体成分

表 6-2　马奶酒营养成分平均含量

脂肪/%	乳糖/%	蛋白质/%	酒精度（20 °C）/%	总酸/°T	相对密度（20 °C）	维生素 C 含量/mg · kg^{-1}
1.9	2.8	2.2	2.2	100	1.006	78.4

乳糖可以经过同型发酵乳酸菌的糖酵解途径，以及异型发酵乳酸菌的磷酸酮酸和李洛尔氏途径被分解。此外，乳糖由酵母经酒精发酵被利用。发酵的终产物乳酸以及酒精对形成酸马奶酒特殊的风味和口感是非常重要的。蛋白质的水解作用主要归于酵母菌和醋酸菌的作用。在有乳酸菌存在的情况下，发酵的最初几个小时内，微生物对游离氨基酸的利用是强烈的，后期氨基酸有积累。维生素的增加主要是由酵母菌和醋酸菌引起，其中，酵母菌可以合成维生素 B_1、维生素 B_2、维生素 B_{12}、维生素 C；醋酸菌可以合成维生素 B_2、烟酸等。抑菌物质的产生是乳酸菌、酵母菌、醋酸菌等共同作用的结果。研究表明，酸马奶对葡萄球菌、芽孢杆菌和结核杆菌有抑制作用。

（二）酸马奶酒的辅助治疗功能

酸马奶酒具有养血安神、改善消化液分泌等作用，对糜烂性胃肠炎、肺结核、风湿、神经性疾病、血液病等传染性或非传染性疾病具有良好的辅助治疗作用，是食疗保健的佳品。

1. 心血管疾病的辅助治疗

据研究，酸马奶酒可降低血液黏稠度，改善血液循环，对高血压、血管硬化、血栓形成等具有辅助治疗功效。

2. 神经性疾病的辅助治疗

酸马奶酒中含有丰富的维生素 B_1、维生素 B_{12} 和维生素 C，以及神经系统物质交换所必需的微量元素，因此饮用酸马奶酒有调整神经系统的功能，酸马奶酒可以有效改善脑部血液循环，增强大脑的供血机能。对于神经系统功能紊乱而引起的神经性头痛、神经性胃肠机能紊乱等疾病都有良好的辅助治疗效果。

3. 消化系统疾病的辅助治疗

酸马奶酒对慢性胃炎尤其是萎缩性胃炎有较好的辅助治疗作用。酸马奶酒中含有大量的酵母菌、B 族维生素和维生素 C，可调节胃肠功能，增加消化能力，提高食欲。

4. 肺结核和肺气肿的辅助治疗

很久以前，蒙医就应用酸马奶来治疗肺结核。原苏联和其他一些国家也用酸马奶治疗肺结核取得不错的效果。肺气肿患者饮用酸马奶之后呼吸轻松，食欲提高，气色好转，体重增加。这可能是饮用酸马奶后抵抗力增强的缘故。

5. 糖尿病的辅助治疗

有俄罗斯专家研究结果表明，酸马奶可使患者血糖明显下降，改善胰岛素的分泌机能，调整糖类分解代谢，使尿中糖含量恢复正常。

三、酸马奶酒的生产工艺

（一）工艺流程

酸马奶酒的生产工艺流程见图 6-1。

马乳→验收→过滤→杀菌→添加发酵剂→搅拌→冷却→装瓶→成熟→成品

图 6-1　酸马奶酒的生产工艺流程

（二）工艺要点

1. 验　收

马乳要求新鲜卫生，最好用刚挤的新鲜马乳。

2. 杀　菌

采用 90 °C、30 min 的杀菌条件进行马乳杀菌。

3. 发酵剂的制备

酸马奶酒的品质与发酵剂有着直接的关系。可使用天然发酵剂或用纯乳酸菌与纯酵母菌发酵。添加量以加入发酵剂后的马乳酸度 50 ~ 60 °T 为宜。

酸马奶酒发酵剂中含有保加利亚乳酸杆菌、乳酸球菌、酵母菌等。这些菌将乳糖分解成乳酸、二氧化碳，使 pH 降低，产生凝固和形成酸味，并能防止杂菌污染，分解蛋白质和脂肪等产生氨基酸等风味物质。乳酸杆菌、乳酸球菌和酵母菌之间成一定比例，随着马乳发酵程度的差异，菌种比例会发生变化。

传统发酵剂制作时选用风味、品质优良的酸马乳，使其轻微发酵后过滤。采用冷冻或在某些物品中吸收等方法，将发酵剂置于干燥阴凉处备用。使用时把发酵剂浸泡于 30 °C 的去脂消毒牛乳或羊乳中，使菌种复活。复活之后的发酵剂中，少量添加 20 ~ 22 °C 的马乳（65 °C 加热杀菌 30 min 后，冷却至 20 ~ 22 °C），不断地搅拌，使其充分混合，还可以从中提取一部分再制备母发酵剂。

质量好的发酵剂应具备优良的酸味与其他风味。倘若发酵剂的性能减弱或被微生物污染出现异味时会改变酸马奶酒的品质，因此要及时更换发酵剂，并清洗容器设备。

4. 搅　拌

发酵剂和马乳混合后，经 430 ~ 480 r/min 搅拌 20 min，在 35 ~ 37 °C 下静置发酵 1.0 ~ 3.5 h，使酸度达 68 ~ 72 °T，然后再搅拌。

5. 冷却、装瓶

冷却到 17 °C，分装。

6. 成　熟

装瓶后置于 0 ~ 5 °C 的冷库中继续发酵，大约 1.0 ~ 1.5 d 即可成熟出售。这时酸度达 80 ~ 120°T，酒精含量为 1%，最高达 2.5% ~ 2.7%。

第二节　开菲尔乳

开菲尔乳（kefir）是最古老的发酵乳制品之一，素有“发酵乳制品香槟”的美称，迄今已有上千年历史。它起源于高加索地区，是以牛乳为主要原料，添加含有乳酸菌和酵母的粒状发酵剂. 经过发酵而生成的具有爽快的酸味和起泡性的酒精性保健饮料。

“kefir”一词其原意具有“健康”“安宁”及“爽快”“美好的口味”等之意。开菲尔乳是黏稠、均匀、表面光泽的发酵产品，口味新鲜酸甜，略带一点酵母味。产品的 pH 通常为 4.3 ~ 4.4。俄罗斯消费量最大，每人每年大约消费量为 5 L，其他国家的产量也在逐年升高。俄罗斯、德国、瑞士、波兰及日本等国家已实现了开菲尔乳的产业化，在我国内蒙古、黑龙江、宁夏、山东等地区也有商品问世。产品的类型有全脂、脱脂、果味、果肉型等。

用于生产开菲尔乳的特殊发酵剂是开菲尔粒（Kefir Grain，简称“KG”），是一种能使乳酸发酵和酒精发酵同时进行的天然发酵剂，在不使用原粒的情况下，人们根本无法合成新的开菲尔粒。乳中的乳糖在乳酸菌的作用下生成乳酸，在酵母菌的作用下生成酒精和二氧化碳。其反应式如下：

乳酸发酵：$C_{12}H_{22}O_{11} + H_2O \longrightarrow 2C_6H_{12}O_5$　　$C_6H_{12}O_5 \longrightarrow 2C_3H_6O_3$

酒精发酵：$C_{12}H_{22}O_{11} + H_2O \longrightarrow 2C_6H_{12}O_5$　　$2C_6H_{12}O_5 \longrightarrow 4C_2H_5OH + 4CO_2\uparrow$

一、营养功效

开菲尔乳的营养价值较高，富含有维生素 A、维生素 B_2、维生素 B_{12}、维生素 C、乳酸钙、泛酸、叶酸、核酸、氨基酸、各种游离脂肪酸及微量元素。开菲尔乳中的乳酸钙是 100% L（+）型，很容易被人体所吸收。除了对钙的吸收率很高之外，它也容易合成人体所需的能源——肝糖，以备机体能量欠缺之需。开菲尔乳对肾脏疾病、血液循环疾病、糖尿病、贫血、神经系统疾病等均有辅助治疗作用。开菲尔乳含有酪蛋白糖、微量 CO_2 和乙醇等物质，能促进唾液和胃液分泌，增强消化机能；开菲尔粒的多糖类在动物试验中显示出较强的抗肿瘤活性。开菲尔粒中的活菌对结核分枝杆菌、大肠杆菌、志贺氏菌、沙门氏菌等病原菌均有强烈的抑制作用，经常食用可在人体胃肠道中保持有益菌群的优势作用。由于开菲尔乳多样而独特的生理效果，引起世界各国的高度重视，各国都在积极进行保健性开菲尔乳的制造和开发工作。

二、开菲尔粒的菌相

开菲尔粒呈淡黄色，大小如小菜花，直径约 15 ~ 20 mm，形状不规则，见图 6-2。开菲尔粒是由蛋白质、多糖和几种类型的微生物群如酵母、产酸、产香形成菌等组成的混合菌块。菌块内的乳酸菌在菌体外蓄积黏质多糖类作为菌块的支撑体，其他的构成菌则附着结合在其上形成菌块。在整个菌落群中酵母菌占 5% ~ 10%。

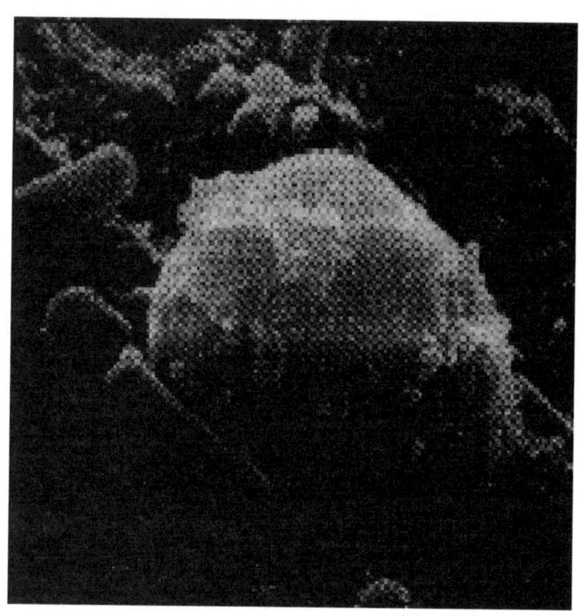

图 6-2 通过电子显微镜显示的开菲尔粒表面的酵母和乳酸菌

开菲尔粒不溶于水和大部分溶剂中，当它们浸泡在乳中时，会膨胀并变成白色。在发酵过程中，乳酸菌产生乳酸，而酵母菌发酵乳糖产生乙醇和二氧化碳。在酵母的新陈代谢过程中，某些蛋白质发生分解从而使开菲尔乳产生一种特殊的酵母香味。

开菲尔粒中菌相比任何其他发酵剂发酵液中的菌相都要复杂，既包括乳酸菌，又有酵母菌和醋酸菌。

（一）乳酸菌

1. 球菌属

包括乳酸乳球菌乳酸亚种（*L.lactis subsp.lactis*）、乳酸乳球菌丁二酮乳酸亚种（*L.actis subsp.diacetilactis*）和乳酸乳球菌乳脂亚种（*L.lactissubsp.cremoris*）等。

2. 杆菌属

包括嗜酸乳杆菌（*L.acidophilus*）、德氏乳杆菌（*L.delbrueckii*）、德氏乳杆菌乳酸亚种（*L.delbrueckii subsp.lactis*）、德氏乳杆菌保加利亚亚种（*L.delbrueckii subsp.bulgaricus*）、瑞士乳杆菌（*L.helveticus*）、马乳酒样乳杆菌（*L.kefiranofaciens*）、干酪乳杆菌（*L.casei*）、发酵乳杆菌（*L.fermentum*）、短乳杆菌（*L.brevis*）、高加索奶乳杆菌（*L.kefir*）、布氏乳杆菌（*L.buchneri*）、嗜热乳杆菌（*L.thermophilus*）等。其中前 6 种属于同型乳酸发酵菌，后 5 种属于兼性异型乳酸发酵菌，中间的干酪乳杆菌属于异型乳酸发酵菌。

3. 明串珠菌属

包括肠膜明串珠菌肠膜亚种（*L.mesenteroides subsp.mesenteroides*）、肠膜明串珠菌葡聚糖亚种（*L.mesnteroides subsp.dextranicum*）等。

（二）酵母菌

与其他发酵乳制品的发酵剂最明显的区别是：开菲尔粒中分布着不同种类和数量的酵母菌，它给开菲尔乳带来醇味、酯香和 CO_2。开菲尔粒中的酵母菌包括乳糖发酵型和乳糖非发酵型两类。前者包括乳酸酵母（*Saccharomyces lactis*）、脆壁酵母（*Saccharomyces fragilis*）、马克斯克鲁维酵母（*Kluyveromyces marxianus*）、乳酸克鲁维酵母（*Kluyveromyces lactis*）、脆壁克鲁维酵母（*Kluyveromycesfragilis*）、乳酒假丝酵母（*Candida kefir*）、酒香酵母（*Bret tanomyces anomalus*）等；后者包括啤酒酵母（*Saccharomyces cerevisiae*）、德氏酵母（*S.delbrueckii*）等。

（三）醋酸菌

纹膜醋酸杆菌（*Acetobacter aceti*）和恶臭醋酸杆菌（*A.sancens*）等被认为在维持开菲尔粒中的菌相平衡和共生方面有重要作用，同时对开菲尔乳还有增稠的作用。

三、开菲尔粒的多糖类特性

开菲尔粒的各种构成菌附着在由乳酸菌产生的细胞外黏多糖上，形成粒状结构。开菲尔粒的一般物质组成见表 6-3。

表 6-3　开菲尔粒物质组成　　单位：%

项　目	水分	蛋白质	脂肪	碳水化合物	灰分
湿重	83.7	5.7	0.3	9.4	1.0
干重	—	34.8	2.0	57.2	5.9

开菲尔粒的多糖具有高黏度，在 pH 2.0 ~ 12.0 的广泛范围内其黏度保持稳定，并且还

具有β-半乳糖苷酶、纤维素酶、β-葡萄糖酶、淀粉酶极难分解的特性。这些特性对开菲尔粒处在低 pH、有杂菌污染等环境中不受其他酶的分解，维持粒状结构、继代具有重要的生物学意义。

四、开菲尔乳的生产工艺

（一）工艺流程

开菲尔乳加工工艺与大多数发酵乳制品有许多相同之处，典型的传统开菲尔乳生产工艺流程如图 6-3。

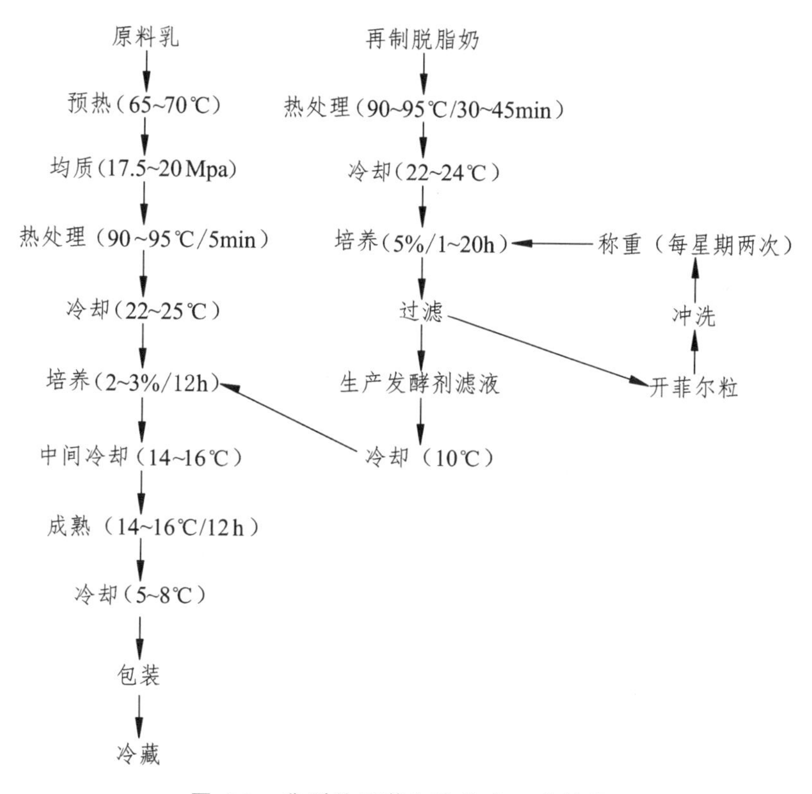

图 6-3 典型的开菲尔乳生产工艺流程

（二）工艺要点

1. 原料乳要求和脂肪标准化

和其他发酵乳制品一样，原料乳的质量十分重要，它不能含有抗生素和其他杀菌剂，用于开菲尔乳生产的原料可以是牛乳、山羊乳或绵羊乳。开菲尔乳的脂肪含量为 0.5%～6.0%，一般是利用原料乳中原有的脂肪含量，但是更常用原料乳中的脂肪含量为 2.5%～3.5%。脂肪标准化在某些情况下可以采用，但并不总是采用。

2. 均　质

标准化后，牛乳在 65 ~ 70 °C，17.5 ~ 20 Mpa 条件下进行均质。

3. 热处理

热处理的方法与酸乳和大多数发酵乳一样：90 ~ 95 °C，5 min。

4. 接　种

热处理后，牛乳被冷却至接种温度，通常为 23 °C，添加 2% ~ 3%发酵剂。

5. 发酵剂的制备

开菲尔乳发酵剂通常用含不同脂肪含量的牛乳来生产。但为了更好地控制开菲尔粒的微生物组成，近年来使用脱脂乳和再制脱脂乳制作发酵剂。发酵剂的繁殖和其他发酵乳制品一样，培养基必须进行完全的热处理，以灭活噬菌体。

生产分两个阶段，主要是因为开菲尔粒体积大，不易处理。体积相对较小的发酵剂更容易控制。

（1）在第一阶段中，经预热的牛乳用活性开菲尔粒接种，23 °C 培养，接种量为 5%（1 份开菲尔粒加入 20 份牛乳中）或 3.5%（1 份开菲尔粒加入 30 份牛乳中），培养时间大约 20 h；这期间开菲尔粒逐渐沉降到底部，要求每隔 2 ~ 5 h 间歇搅拌 10 ~ 15 min。当达到理想的 pH（4.5）时，搅拌发酵剂，用过滤器把开菲尔粒从母发酵剂中滤出。过滤器的孔径为 3 ~ 4 mm。

开菲尔粒在过滤器中用凉开水冲洗（有时用脱脂乳），它们能在培养新一批母发酵剂时再用。培养期间每一星期微生物总数增长 10%，所以它的重量一定会增加，在再次使用时要去掉多余的部分。

（2）在第二阶段，如果滤液使用前要贮存几个小时，则要将它冷却至大约 10 °C。另一方面，如果要大量生产开菲尔乳，可以把滤液立刻接种到预热过的牛乳中制作生产发酵剂，剂量为 3% ~ 5%，在 23 °C 温度下培养 20 h 后，生产发酵剂准备接种到生产开菲尔乳的乳中。

6. 培　养

正常情况下分酸化和后熟两个培养阶段。

（1）酸化阶段：此阶段持续至 pH 到 4.5，或用酸度表示，到 85 ~ 110 °T，大约要培养 12 h，然后搅拌凝块，在罐里预冷。当温度达到 14 ~ 16 °C 时冷却停止，不停止搅拌。

（2）成熟阶段：在随后的 12 ~ 14 h 期间开始产生典型的轻微“酵母”味。当酸度达到 110 ~ 120 °T（pH 约 4.4）时，开始最后的冷却。

7. 冷　却

产品在板式热交换器中迅速冷却至 4 ~ 6 °C，以防止 pH 的进一步下降 。冷却和随后包装产品，非常重要的一点是处理要柔和。因此，在泵、管道和包装机中的机械搅动必须限制到最低程度。因空气会增加产品分层的危险性，所以应避免空气的进入。

如上所述，制作开菲尔生产发酵剂的传统方法很费力，加上微生物群的复杂性，有时会导致产品产生不可接受的质量变化。为了克服这些问题，瑞典隆德 SMR 研究实验室已经开发出一种冻干浓缩发酵剂，使用方法与其他发酵剂的形式类似，这种发酵剂在 20 世纪 80 年代中期已经用于生产，而且用它做成的产品在质量上比用传统方法更均匀。可直接用于生产的浓缩冻干开菲尔发酵剂目前已可买到。与传统生产发酵剂的生产相比，冻干发酵剂在技术上减少了加工工序和发酵剂二次污染的危险性。

第七章　奶油与发酵奶油

第一节　奶油的种类及性质

一、奶油的种类

奶油的制造比较简单，成品质量大同小异，因此种类也比较少。但由于制造方法不同，或所用原料不同，或出品的地区不同，因而赋予各种名称。

1. 按原料分类

可分为酸性奶油、甜性奶油、乳清奶油。

2. 按制造方法分类

可分为新鲜奶油、酸性奶油、重制奶油。

3. 按制造地区分类

可分为牧场奶油、工厂奶油。

4. 按发酵的方法分类

可分为天然发酵奶油、人工发酵奶油。

5. 按是否加盐分类

可分为加盐奶油、无盐奶油。

我国目前生产的奶油主要有以下几种（表 7-1）。

表 7-1　我国奶油的主要种类

种类	特　征
甜性奶油	以杀菌的甜性稀奶油制成，分为加盐和不加盐的两种，具有特有的乳香味，含乳脂肪 80%～85%
酸性奶油	以杀菌的稀奶油，用纯乳酸菌发酵剂发酵后加工制成，有加盐和不加盐两种，具有微酸和较浓的乳香味，含乳脂肪 80%～85%

续表

种类	特　征
重制奶油	用稀奶油或甜性、酸性奶油，经过熔融，除去蛋白质和水分而制成。具有特有的脂香味，含乳脂肪98%以上
脱水奶油	杀菌的稀奶油制成奶油粒后经熔化，用分离机脱水和脱蛋白，再经过真空浓缩而制成，含乳脂肪高达99.9%
连续式机制奶油	用杀菌的甜性或酸性稀奶油，在连续式操作制造机内加工制成，其水分及蛋白质含量有的比甜性奶油高，乳香味较好

二、奶油的组成

奶油的主要成分为脂肪、水分、蛋白质、食盐（加盐奶油）。此外，还含有微量的灰分、乳糖、酸、磷脂、气体、微生物、酶、维生素等。一般的成分如表7-2所示。

表7-2　奶油的组成

成　分	无盐奶油	加盐奶油	重制奶油
水分/%（≤）	16	16	1
脂肪/%（≥）	82.5	80	98
盐/%	—	2.5	—
酸　度*（≤）	20°T	20°T	—

* 酸性奶油的酸度不作规定。

三、奶油的性质

奶油中主要成分是脂肪，因此脂肪的性质直接决定奶油的性状。但是乳脂肪的性质又依脂肪酸的种类和含量而定。此外，乳脂肪的脂肪酸的组成又因乳牛的品种、泌乳期、季节及饲料等而有所差异。

1. 脂肪性质与乳牛品种、泌乳期与季节的关系

有些乳牛（如荷兰牛、爱尔夏牛）的乳脂肪中，由于油酸含量高，因此制成的奶油比较软。又如，娟姗牛的乳脂肪由于油酸含量比较低，而熔点高的脂肪酸含量高，因此制成的奶油比较硬。在泌乳初期，挥发性脂肪酸多，而油酸比较少；随着泌乳时间的延长，这种性质变得相反。至于季节的影响，春夏季的奶油很容易变软。为了得到较硬的奶油，在稀奶油成熟、搅拌、水洗及压炼过程中，应尽可能降低温度。

2. 奶油的色泽

奶油的颜色从白色到淡黄色，深浅各有不同。这种颜色主要是与胡萝卜素含量的多少有关，通常冬季的奶油为淡黄色或白色。为了使奶油的颜色全年一致，秋冬之间往往加入色素以增加其颜色。奶油的颜色长期曝晒于日光下时，则可自行褪色。

3. 奶油的芳香味

奶油有一种特殊的芳香味，这种芳香味主要由丁二酮、甘油及游离脂肪酸等综合而成。其中丁二酮主要来自发酵时细菌的作用。因此，酸性奶油比新鲜奶油芳香味更浓。

4. 奶油的物理结构

奶油的物理结构为水在油中的分散系（固体系）。即在游离脂肪中分散有脂肪球（脂肪球膜未破坏的一部分脂肪球）与细微水滴，此外还存有气泡。水滴中溶有乳中除脂肪以外的其他物质及食盐，因此也称为乳浆小滴。

第二节 奶油的生产工艺

一、工艺流程

奶油的生产工艺流程见图 7-1。

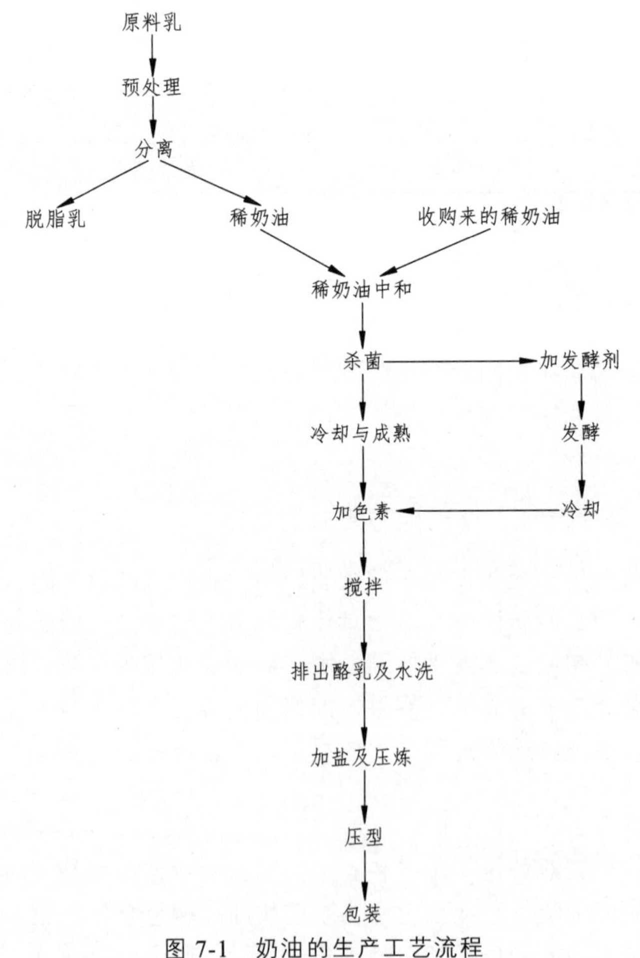

图 7-1 奶油的生产工艺流程

二、工艺要求

1. 对原料乳及稀奶油的要求

我国制造奶油所用的原料乳，通常采用牛乳。只有一小部分原料是在牧场或收奶站经分离后将稀奶油送到加工厂。

制造奶油用的原料乳，虽然没有像炼乳、奶粉那样要求严格，但也必须是从健康牛挤下来，而且在色、香、味、组织状态、脂肪含量及密度等各方面都合格。当乳质量略差，不适于制造奶粉、炼乳时，也可用作制造奶油的原料。但这并不是说制造奶油可用质量不良的原料，凡是要生产优质的产品必须要有优质的原料，这是乳品加工的基本要求。例如初乳由于含乳清蛋白较多，末乳脂肪过小都不宜采用。

稀奶油在加工前必须先行检验，以决定其质量，并根据其质量划分等级，以便按照等级制造不同的奶油。切勿将不同等级的稀奶油混杂，以免影响优质的奶油的生产。根据感官鉴定和分析结果，可按表 7-3 进行分级。另外还需注意的是有抗生素或消毒剂残留的稀奶油不适于生产酸性奶油。

表 7-3　原料稀奶油的等级

等级	滋味及气味	组织状态	在下列含脂率时的酸度/°T				乳浆的最高酸度/°T
			25%	30%	35%	40%	
Ⅰ	具有纯正、新鲜、稍甜的滋味，纯洁的气味	均匀一致，不出现奶油团，无混杂物，不冻结	16	15	14	13	23
Ⅱ	略带饲料味和外来的气味	均匀一致，奶油团不多，无混杂物，有冻结痕迹	22	21	19	18	30
Ⅲ	带浓厚的饲料味、金属味，甚至略有苦味	有奶油团，不均匀一致	30	28	26	24	40
不合格	有异常的滋味、气味，有化学药品及石油产品的气味	有其他混合物及夹杂物					

2. 稀奶油的标准化

稀奶油的含脂率直接影响奶油的质量及产量。例如，含脂率低时，可以获得香气较浓的奶油，因为这种稀奶油较适于乳酸菌的发育；当稀奶油过浓时，则容易堵塞分离机，乳脂的损失量较多。为了在加工时减少乳脂的损失和保证产品的质量，在加工前必须将稀奶油进行标准化。例如，用间歇方法生产新鲜奶油及酸性奶油时，稀奶油的含脂率以 30% ~ 35%为宜；以连续法生产时，规定稀奶油的含脂率为 40% ~ 45%。夏季由于容易酸败，所以用比较浓的稀奶油进行加工。

3. 稀奶油的中和

稀奶油的中和直接影响奶油的保存性，左右成品的质量。制造甜性奶油时，奶油的 pH（奶油中水分的 pH）应保持在中性附近（6.4 ~ 6.8），滴定酸度 16 ~ 18 °T；制造酸性奶油时，中和后酸度可略高，滴定酸度 20 ~ 22 °T。

（1）中和的目的：

① 如将酸度高的稀奶油不进行中和即行杀菌时，则稀奶油中的酪蛋白凝固而结成凝块。这时一些脂肪被包在凝块内，搅拌时流失在酪乳里。因此脂肪损失很大，影响产量。

② 稀奶油经中和后，可以改善奶油的香味。

③ 制成的奶油酸度过高时，即使杀菌后微生物已全部灭活，但贮藏中仍易引起水解，并促进氧化，这在加盐奶油中特别明显。

（2）中和剂的选择。

① 中和剂的种类及利弊：一般使用的中和剂为石灰及碳酸钠。石灰不仅价格低廉，同时由于钙残留于奶油中可以提高营养价值。但石灰难溶于水，必须调成乳剂加入，同时还需要均匀搅拌，不然很难达到中和的目的。碳酸钠因易溶于水，中和可以很快进行，同时不易使酪蛋白凝固，但中和时会很快产生二氧化碳，容器过小时有使稀奶油溢出的危险。

② 中和的方法：加石灰中和时，需先调成 20%乳剂，即按照计算的量，再加适量的水徐徐加入。稀奶油中的酸主要为乳酸，乳酸与石灰反应如下：

$$\underset{74}{Ca(OH)_2} + \underset{2\times 90}{2CH_3CH(OH)COOH} \longrightarrow Ca(C_3H_5O_3)_2 + 2H_2O$$

按照上列反应式计算时，中和 90 份乳酸需 37 份石灰。

例：今有 100 kg 稀奶油，酸度为 0.6%。若将酸度中和至 0.25%，需加石灰多少?

解：需要中和的乳酸量为：

$$100(\text{kg})\times\frac{0.6-0.25}{100}=100(\text{kg})\times\frac{0.35}{100}=350\ (\text{g})$$

中和 350 g 乳酸所须添加的石灰量为：$350\times\frac{37}{90}=144(\text{g})$

将 144 g 石灰加水配制成 20%的石灰乳，加入稀奶油中即可。

4. 稀奶油的杀菌

（1）稀奶油杀菌的目的：

① 杀灭病原菌和腐败菌以及其他杂菌和酵母等,即杀灭能使奶油变质及危害人体健康的微生物。

② 破坏各种酶，增加奶油保存性和增加风味。

③ 稀奶油中存在各种挥发性物质，使奶油产生特殊的气味，由于加热杀菌可以除去那些特异的挥发性物质，故杀菌可以改善奶油的香味。

（2）杀菌及冷却。杀菌温度直接影响奶油的风味，应根据奶油种类及设备条件来决定杀菌温度。脂肪的导热性很低，能阻碍温度对微生物的作用；同时为了使酶完全破坏，有必要进行高温巴氏杀菌。一般可采用 85 ~ 90 °C 的巴氏杀菌，但是还应注意稀奶油的质量。例如稀奶油含有金属气味时，就应该将温度降低到 75 °C、10 min 杀菌，以减轻它在奶油中的显著程度。如果有特异气味时，应将温度提高到 93 ~ 95 °C，以减轻其缺陷。

杀菌方法可分为间歇式和连续式两种。小型工厂可用间歇式，最简单的方法是将稀奶油置于预先彻底清洗消毒的乳桶中，将桶放在热水槽内，并向热水槽通入蒸汽以加热稀奶油，达到杀菌温度。大型工厂多采用连续式巴氏杀菌器进行。

稀奶油经杀菌后，应迅速进行冷却。迅速冷却对奶油质量有很大作用，即利于物理成熟又能保证无菌和制止芳香物质的挥发，这样就可以获得比较芳香的奶油。

如在片式杀菌器中进行杀菌时，可以连续进行冷却。如在其他杀菌器中进行时，可将蒸汽部分换以冷水或冷盐水进行冷却。用表面冷却器进行冷却时，对奶油的脱臭有很大效果，因此可以改良风味。但实际上大型工厂多采用成熟槽进行冷却。

制造新鲜奶油时，冷却温度可至 5 °C 以下，酸性奶油则冷却至稀奶油的发酵温度。

5. 奶油发酵剂及稀奶油的发酵

生产甜性奶油时，不经过发酵过程，在稀奶油杀菌后立即进行冷却和物理成熟。生产酸性奶油时，需经发酵过程。有些工厂先进行物理成熟，然后再进行发酵；但是一般都是先进行发酵，然后才进行物理成熟。

（1）发酵的目的：

① 加入专门的乳酸菌发酵剂可产生乳酸，在某种程度上可起到抑制腐败性细菌繁殖的作用，因此可提高奶油的稳定性。

② 专门发酵剂中含有产生乳香味的嗜柠檬酸链球菌和丁二酮乳链球菌，故发酵法生产的酸性奶油比甜性奶油具有更浓的芳香风味。

发酵的酸性奶油虽有上述优点，但也有其缺点，由于经过发酵，酪乳也会被酸化，来自酸性稀奶油的酪乳比来自甜性稀奶油的酪乳有更低的 pH，酸酪乳要比甜性稀奶油所得的鲜酪乳难处理得多。酸性稀奶油的另一个缺点是它更容易被氧化，从而产生金属味，如果有微量的铜或其他重金属存在，这一趋势就加重，从而给奶油的化学保藏性带来相当大的影响。

（2）发酵用菌种。生产酸性奶油的纯发酵剂是产生乳酸的菌类和产生芳香风味的菌类的混合菌种。常用菌种有以下几种：乳链球菌（*Str.1actis*）、乳油链球菌（*Str.cremoris*）、嗜柠檬酸链球菌（*Str.Citrvorus*）、副嗜柠檬酸链球菌（*Str.paracttlovorus*）、丁二酮乳链球菌（*Str.diacetylactis*，弱还原型）、丁二酮乳链球菌（*Str.diacetylactis*，强还原型）。这几种菌的形态、生理、生化特征见表 7-4。

表 7-4　奶油发酵剂乳酸菌形态、生理、生化性质

项　目	乳链球菌	乳油链球菌	嗜柠檬酸链球菌	副嗜柠檬酸链球菌	丁二酮乳链球菌（弱还原型）	丁二酮乳链球菌（强还原型）
显微镜下细胞形态	双球	各种不同程度的链球	各种不同程度的链球，有时单球，双球	各种不同程度的链球，有时单球，双球	各种不同程度的链球，有时单球，双球	各种不同程度的链球，有时单球，双球
菌落的形态与大小	白色平滑、有光泽，直径 1 ~ 2 mm	同左	同左	同左	同左	同左
最适发育温度/°C	30	25 ~ 30	25 ~ 30	25 ~ 30	25 ~ 30	25 ~ 30
在最适温度下牛乳凝固时间/h	12	12 ~ 14	不凝	48 ~ 72	18 ~ 48	< 16

续表

最高酸度/°T		120	110 ~ 115		70 ~ 80		100 ~ 105
凝块性状		均匀稠密	均匀稠密		均匀	均匀	均匀
味		酸	酸		酸	酸	酸
生成物的含量	挥发酸[0.1 mol/L 碱液体积（mL）]	0.5 ~ 0.3	0.5 ~ 0.7		2.1 ~ 2.3	1.7 ~ 1.9	1.7
	丁酮/mg · L^{-1}	0	0		0	15 ~ 30	痕量
	羟丁酮/mg · L^{-1}	痕量	137		0 ~ 10	140	180
对碳水化合物发酵	葡萄糖	+	+	+	+	+	+
	乳糖	+	+	+	+	+	+
	麦芽糖	+	−	−	+	−	−
	蔗糖	−	−	−	+	−	−
	糊精	+	−	−	+	+	−
	阿拉伯树胶糖	−	−	−	−	−	−
是否对石蕊乳还原		+	+	−	+	+	−
是否在含有 0.3% 亚甲蓝培养基中生长		+	−				
是否在含有 4%食盐培养基中生长		+	−				
是否在蛋白胨培养基中产氨		+	−				
是否在 40 °C 下繁殖		+	−				

以上六种菌中，乳链球菌和乳油链球菌产酸能力较强，能使乳糖转变为乳酸，但缺乏生香作用，不能产生浓厚的芳香味。噬柠檬酸链球菌和副噬柠檬酸链球菌能使柠檬酸分解生成挥发酸、羟丁酮和丁二酮，从而使奶油具有纯熟的芳香味，因此，通常称这一类菌为芳香菌。弱还原型的丁二酮乳链球菌或者再加上乳油链球菌制成混合菌种的发酵剂，能产生更多的挥发性酸、羟丁酮和丁二酮。

（3）发酵剂的制备。

乳酸菌纯培养发酵剂用于奶油生产时称之为奶油发酵剂。纯良的发酵剂能赋予奶油浓郁的芳香味，还能去除某些异味。

尽管丁二酮对香味有很大影响，但奶油的香味是各种菌种所产生的物质共同作用的结果。因此，奶油发酵剂一般选用两种以上菌种制成混合发酵剂，使其不仅有适宜的产酸能力，而且有很强的产香能力。目前认为较好的奶油发酵剂一般是含有乳链球菌、乳油链球菌和丁二酮乳链球菌（弱还原型）三种菌的混合种，或是由乳链球菌、乳油链球菌、噬柠檬酸链球菌和副噬柠檬酸链球菌四种菌组成的混合菌种。

工厂最初制造酸性奶油时，纯培养的发酵剂原菌种可向科研机构索取。这种原菌一般都是纯培养的粉末状干燥菌。制备发酵剂时，首先了解发酵剂原菌中菌种的组成，并根据其特性加以培养活化后，再制备母发酵剂和工作发酵剂。

① 菌种的活化：发酵剂原菌在使用时必须进行活化，尤其是保存日期长而活力减弱的菌种更要充分活化。活化的方法是，一般用脱脂乳培养基或水解脱脂乳培养基，添加适当的微量成分后，在试管内接种原菌种，置 25 ~ 30 °C 恒温培养箱内培养 12 ~ 24 h。取出后接种于新的试管中培养。如此连续进行 3 ~ 4 代后即可充分发挥其活性，最后的试管置于 – 4 °C 冰箱内贮存备用。

一般保藏纯粹的奶油发酵剂原菌，可采用脱脂乳试管或用明胶穿刺培养放冰箱中保藏，但每经一个月左右必须用新的试管转接一次。

② 母发酵剂和二次发酵剂制备：在 500 mL 三角烧瓶中注入脱脂乳 200 mL，90 °C 保持 10 min 后冷却，再添加相当于脱脂乳量 2%的已活化好的试管原菌，28 ~ 30 °C 培养 12 h，经 1 h 及 6 h 各搅拌一次。待酸度达 80 ~ 85 °T，凝块均匀稠密时，可贮存于 4 °C 以下的冰箱中，作为母发酵剂，备作二次发酵剂用。

二次发酵剂是在 1 000 mL 三角烧瓶中分注脱脂乳各 500 mL，保持 95 °C、30 min 后冷却，添加脱脂乳量 7%的母发酵剂，充分搅拌混合。在 21 ~ 30 °C 培养 12 h，经 1 h 及 6 h 各搅拌一次。酸度达 90 ~ 100 °T，凝块均匀稠密时，在 4 °C 以下冰箱中存放备用。以上这种方法几次转接之后，取样分析其中的羟丁酮与丁二酮含量。

③ 工作发酵剂的制备：工作发酵剂是用于生产的发酵剂。工作发酵剂的制备数量按准备发酵或成熟稀奶油的 6%计算，并根据工厂每日处理稀奶油的数量来定。其培养基及接种量、培养条件、程度均与二次发酵剂相同。制备好的工作发酵剂应马上使用，存放时间不能超过 24 h。

良好的发酵剂应具有以下特征：发酵时间约 10 ~ 12 h 即可达到要求的酸度；风味有令人愉快的香气；凝块均匀稠密，无乳清分离，经搅拌呈稀奶油状；酸度 90 ~ 100 °T；显微镜观察有双球菌和链球菌，无酵母菌及杆菌等；丁二酮含量不低于 10 mg/L。

（4）影响发酵剂酸度和香味物质含量的因素：发酵剂中的酸和香味物质是由发酵剂中各种乳酸菌的代谢产物和生化反应所生成。其中乳链球菌和乳油链球菌只能将乳糖转化为乳酸，而嗜柠檬酸链球菌、副嗜柠檬酸链球菌和丁二酮乳链球菌能使乳中所含柠檬酸分解成羟丁酮。羟丁酮本身并无芳香味，但可以被氧化成具有芳香味的丁二酮，其反应式如下：

$$2HO_2CCH_2C(OH)(CO_2H)CH_2CO_2H\text{(柠檬酸)} \longrightarrow CH_3\cdot CHOH\cdot COCH_3\text{(羟丁酮)} + 2CH_3COOH + 4CO_2 + 2H_2O$$

$$CH_3\cdot CHOH\cdot COCH_3\text{(羟丁酮)} \longrightarrow 2CH_3\cdot CO\cdot CO\cdot CH_3\text{(丁二酮)} + 2H_2O$$

$$CH_3\cdot CHOH\cdot COCH_3\text{(羟丁酮)} + H_2 \longrightarrow CH_3\cdot CHOH\cdot CHOH\cdot CH_3\text{(2,3－丁二酮)}$$

根据以上反应，每二分子柠檬酸可以生成一分子羟丁酮和二分子醋酸。一分子羟丁酮可被氧化成一分子丁二酮。如果被还原，一分子羟丁酮生成一分子 2，3 – 丁二醇而生不成丁二酮，2，3 – 丁二醇并无香味。因此要生成丁二酮，则必须使羟丁酮充分氧化。

为了促进芳香成分丁二酮的生成，应注意控制以下条件。

① 氧化还原电势：为了促进丁二酮的生成，须提高氧化还原电势。实验证明在开始几

个小时内发酵剂的氧化还原电势很快下降，但搅拌发酵剂则能提高氧化还原电势，从而增加发酵剂中丁二酮的含量。

② 通气：足够的空气可以促进羟丁酮氧化为丁二酮，提高丁二酮的含量。一般可采用吹入空气或氧气或搅拌的方法增加通气量。

③ pH：由乳链球菌、乳油链球菌和丁二酮乳链球菌（弱还原型）所组成的发酵剂，在一般条件下生成丁二酮的最佳 pH 为 4.3 ~ 4.8。添加柠檬酸或丙酮酸调节最初 pH 为 4.4 ~ 4.5 时可增加丁二酮的生成量。

④ 巯基含量：巯基含量越高则发酵剂中氧化还原电势越低。通过搅拌或供给空气减少巯基含量，提高氧化还原电势，增加丁二酮的生成量。因此，制备发酵剂用的脱脂乳，在加热时需进行充分搅拌。

⑤ 发酵剂的贮藏：发酵剂须保藏在 4 °C 以下，最好在 24 h 内使用。发酵剂培养成熟后在开始冷却时加入 0.08%的柠檬酸可以增加丁二酮的含量。

（5）稀奶油发酵：经过杀菌、冷却的稀奶油输送至发酵成熟槽内，温度调到 18 ~ 20 °C 后添加相当于稀奶油 5%的工作发酵剂，添加时搅拌，徐徐添加，使其均匀混合。发酵温度保持在 18 ~ 20 °C，每隔 1 h 搅拌 5 min。控制稀奶油酸度最后达到表 7-5 中规定程度时，则停止发酵，转入物理成熟。

表 7-5　稀奶油发酵的最终酸度

稀奶油中脂肪含量/%	最终酸度/°T	
	加盐奶油	不加盐奶油
24	30.0	38.0
26	29.0	37.0
28	28.0	36.0
30	28.0	35.0
32	27.0	34.0
34	26.0	33.0
36	26.0	32.0
38	25.0	31.0
40	24.0	30.1

6. 稀奶油的物理成熟

为了使搅拌操作能顺利进行，保证奶油质量（不致过软及含水量过多）以及防止乳脂损失，在搅拌前必须将稀奶油充分冷却成熟。通常制造新鲜奶油时，在稀奶油冷却后，立即进行成熟；制造酸性奶油时，则在发酵前或发酵后成熟，或与发酵同时进行成熟。

稀奶油中的脂肪组织，经加热杀菌融化后，必须冷却至奶油脂肪的凝固点以下才能重新凝固，所以经冷却成熟后，部分脂肪即变为固体结晶状态。

脂肪变硬的程度决定于物理成熟的温度和时间，随着成熟温度的降低和保持时间的延长，大量脂肪变成结晶状态（固化）。成熟温度应与脂肪的最大可能变成固体状态的程度相适应。夏季 3 °C 时脂肪最大可能的硬化程度为 60% ~ 70%；而 6 °C 时为 45% ~ 55%。在某种温度下脂肪组织的硬化程度达到最大可能时称为平衡状态。通过观察证实，在低温下成熟时发生的平衡状态要早于高温下的成熟。例如，在 3 °C 时经过 3 ~ 4 h 即可达到平衡状态；6 °C 时要经过 6 ~ 8 h；而在 8 °C 时则要经过 8 ~ 12 h。在规定温度及时间内达到平衡状态，是因为部分脂肪处于过冷状态，在稀奶油搅拌时会发生变硬情况。实践证明，在 13 ~ 16 °C 时，即使保持很长时间，也不会使脂肪发生明显变硬现象，这个温度称为临界温度。

稀奶油在低温下进行成熟，也会造成不良结果。低温会使稀奶油的搅拌时间延长，获得的奶油团粒过硬，有油污，而且水容量很低；同时也会延长加工时间，同样组织状态不良。这样的稀奶油必须在较高的温度下进行搅拌。

稀奶油的成熟条件对以后的全部工艺过程有很大影响，如果成熟度不足时，就会缩短稀奶油的搅拌时间，获得的奶油团粒松软，油脂损失于酪乳中的数量显著增加，并在奶油压炼时使水的分散造成很大的困难。

7. 添加色素

为了使奶油颜色全年一致，当颜色太淡时，可添加安那妥（Annatto）。安那妥是天然的植物色素，安那妥的 3%溶液（溶于食用植物油中）叫作奶油黄。通常安那妥用量为稀奶油的 0.01% ~ 0.05%。

夏季因奶油原有的色泽比较浓，所以不需要再加色素；入冬以后，色素的添加量逐渐增加。为了使奶油的颜色全年一致，可以对照“标准奶油色”的标本，调整色素的加入量。

奶油色素除了用安那妥外，还可用合成色素。但必须根据卫生标准规定，不得任意采用。

添加色素通常在搅拌前直接加到搅拌器中的稀奶油中。

8. 奶油的搅拌

将稀奶油置于搅拌器中，利用机械的冲击力使脂肪球膜破坏而形成脂肪团粒，这一过程称为“搅拌”。搅拌时分离出来的液体称为酪乳。

（1）影响搅拌的因素：当稀奶油进行搅拌时，往往发生奶油粒有时形成迅速，有时迟缓，有时脂肪损失多，有时脂肪损失少等种种现象。为了能使搅拌顺利进行，使脂肪损失减少（酪乳中脂肪含量不应超过 0.3%），并使制成的奶油粒具有弹性、清洁完整、大小整齐（2 ~ 4 mm）等要求，这时必须注意控制以下各种条件。

① 稀奶油的温度：搅拌温度决定着搅拌时间的长短及奶油粒的好坏。搅拌时间随着搅拌温度的提高而缩短，因为温度高时液体脂肪多，泡沫多，泡沫破坏快，因此奶油粒形成迅速。但这时的奶油的质量较差，同时脂肪的损失也多。如果温度接近乳脂肪的融点（33.9 °C），不能形成奶油粒。相反，如果温度过低，奶油粒过于坚硬，压炼操作不能顺利进行，结果容易制成水分过少、组织松散的奶油。

搅拌时稀奶油的温度，冬季以 10 ~ 14 °C，夏季以 8 ~ 10 °C 为最适宜。用小型搅拌器加工时，温度的变化较快，所以开始时应在 8 °C 以下。发酵稀奶油，脂肪球膜容易破坏，脂肪不容易损失，因此温度可略为提高。

② 稀奶油的酸度：经发酵的酸性稀奶油比未经发酵的稀奶油容易搅拌，所以稀奶油经发酵后有三种作用，即使成品增加芳香味、脂肪的损失减少以及容易搅拌。

稀奶油经发酵后乳酸增多，使稀奶油中起黏性作用的蛋白质的胶体性质逐渐变成不稳定，甚至凝固而使稀奶油的黏性降低，脂肪球容易相互碰撞，因此容易形成奶油粒。稀奶油中的主要蛋白质为酪蛋白，其等电点为 4.6。因此，理论上当稀奶油的 pH 在 4.6 左右时，蛋白质的凝固最多，黏性最小，搅拌最容易完成。但经实验证明，当稀奶油在 pH 4.2 时，搅拌所需时间最短，酸度再继续增加时，搅拌时间又加长。其原因为蛋白质胶体溶液在等电点时凝固最多，酸度继续增加而超过等电点时，则由于两性电解质的关系，过剩的酸与蛋白质结合而形成酸性酪蛋白。凝固后的蛋白质再度使胶体性质增加，稀奶油的黏度又逐渐增大，故搅拌所需时间又增长。所以如果单纯考虑搅拌时间及减低流失于酪乳中的脂肪，则 pH 以 4.2 ~ 4.6，即乳酸度 0.60% ~ 0.75%为最适当。但是，用这种高酸度的稀奶油制成奶油时，成品中含蛋白质凝块多，易变质，保存性差。因此，制造奶油用的稀奶油酸度以 0.32%（35.5 °T）以下，普通以 0.25%（30 °T）为最适宜。

③ 稀奶油的含脂率：含脂率决定脂肪球间距离的大小。例如，含脂率为 3.4%的乳中脂肪球间的距离为 71 μm；含脂率 20%的稀奶油，脂肪球间的距离为 2.2 μm；含脂率 30%时，距离为 1.4 μm；含脂率 40%时，距离为 0.56 μm。因此，稀奶油含脂率愈高，搅拌也越快，但奶油形成过快时，小的脂肪球就来不及变成奶油粒，脂肪的损失比较大。此外，含脂率过高时黏度增加，稀奶油易随搅拌器同转，不能充分形成泡沫，反而影响奶油粒的形成。所以稀奶油的含脂率以 32% ~ 40%为最适宜。

④ 物理成熟程度：物理成熟对成品的质量和数量有决定性意义。固体脂肪球较液体脂肪球漂浮在气泡周围的能力强数倍。如果成熟不够，易形成软质奶油，并且温度高形成奶油粒速度快，有一部分脂肪未能集中在气泡处即形成奶油粒而损失在酪乳中，使奶油产率减低，质量也很差。

⑤ 脂肪球的大小：搅拌操作时，稀奶油中脂肪球相互碰撞的机会与脂肪球直径的平方成正比，即脂肪球大的容易搅拌，实际上也是如此。例如从荷兰牛所得的稀奶油脂肪球比娟珊牛、更赛牛的小，所以搅拌时需要较长的时间；同样，羊乳比牛乳搅拌时间需要更长。此外，经均质使脂肪球粉碎后，搅拌时几乎不可能形成奶油粒。

（2）搅拌操作技术：搅拌的设备是搅拌器（图 7-2），在搅拌前需先清洗搅拌器，否则稀奶油易被污染而使奶油变质。尤其是木制的搅拌器更需注意清洗。搅拌器使用后首先用温水（约 50 °C）强力冲洗 2 ~ 3 次，以除去黏附的奶油，然后用 83 °C 以上的热水旋转清洗 15 ~ 20 min，热水排出后加盖密封。每周用含氯 0.01% ~ 0.02%的溶液（或 2%石灰水）消毒 2 次。并用碱溶液（1%）彻底洗涤 1 次。使用木质搅拌器时，先用冷水浸泡一昼夜，使间隙充分浸透，并使木质气味完全除去后，才能开始使用。用前还需清洗杀菌。

1—控制板；2—紧急停止；3—角开挡板

图 7-2　间歇式生产中的奶油搅拌器

搅拌时先将稀奶油用筛或过滤器过滤，以除去不溶性的固形物。稀奶油加至搅拌器容量的 1/3 ~ 1/2 后，把盖密闭后开始旋转。搅拌器的旋转速度随其大小而异，通常用直径 1.2 m 的奶油联合制造器时，转速为 30 r/min，用直径 1.65 m 的制造器时，转速为 18 r/min。旋转 5 min 后打开排气孔排放内部的气体，反复进行 2 ~ 3 次。然后关闭排气孔继续旋转，形成像大豆粒大小的奶油粒时，搅拌结束。奶油粒的形成情况可从搅拌器上的窥视镜观察。搅拌所需时间通常为 30 ~ 60 min。

搅拌时颗粒大小的要求：中等含脂率的稀奶油为 3 ~ 4 mm；含脂率低的稀奶油为 2 ~ 4 mm；含脂率高的稀奶油为 5 mm。颗粒的大小随着搅拌最终温度的提高而增大。但是，在这种情况下获得的颗粒较软，在搅拌含脂率高的稀奶油时，颗粒过小会促使进入酪乳中的脂肪量增多。在形成较大的奶油颗粒的情况下，脂肪可以充分被利用，而碎的颗粒有较大的表面积，因此保留了较多的酪乳，这种酪乳很难除去。在这种情况下，奶油中会保留有大量蛋白质及乳糖，容易导致微生物的发育。良好的颗粒应该是结实和富有弹性。高温和稀奶油物理成熟不充分时进行搅拌，会得到不定型的、成团的、易黏在一起的颗粒，而且奶油组织状态不良。这也是造成奶油含水率低和难以压炼的原因。

搅拌结束之后，经开关排出酪乳，并且通过纱布或过滤器将酪乳放入接受槽内，以便挡住被酪乳带走的小颗粒。此时可采取试样并测定含脂率。酪乳中脂肪含量取决于稀奶油含脂率和搅拌是否充分。在正常工艺过程及稀奶油含脂率适宜的条件下，造成酪乳含脂率高的原因是：稀奶油中小脂肪球过多；脂肪球在巴氏杀菌器或泵等器具中被粉碎；稀奶油含脂率过高；稀奶油物理成熟程度不够；搅拌温度高；奶油制造在结构上有缺陷及颗粒小等。在搅拌含脂率高的稀奶油时，虽然酪乳中含脂率增加，但是因酪乳数量减少，所以脂肪的绝对消耗量并不高于搅拌含脂率适宜的稀奶油时脂肪的绝对消耗量。

根据脂肪的利用程度，来评定搅拌的好坏，可用下面的公式计算：

$$x=\frac{(m_1\times F_1-m_2\times F_2)\times 100\%}{m_1\times F_1}$$

式中：x——脂肪利用程度，%；

m_1——稀奶油的质量，kg；

F_1——稀奶油含脂率，%；

m_2——酪乳的质量，kg；

F_2——酪乳的含脂率，%。

酪乳的质量可以根据稀奶油和奶油质量之差来计算。制造奶油时，脂肪的利用程度（即稀奶油中有多少脂肪变成奶油），不应低于99.3%。含脂率高的酪乳，最好再分离一次。

（3）搅拌的回收率：搅拌回收率是测定稀奶油中有多少脂肪已转化成奶油的标志。它以酪乳中剩余的脂肪占稀奶油中总脂肪的百分数来表示。例如，搅拌回收率为0.5%，表示稀奶油脂肪的 0.5%留在酪乳中，那么可能 99.5%已变成奶油。如搅拌回收率的数值低于0.70%则被认为是合格的。图7-3是表示一年中搅拌回收率的变化。

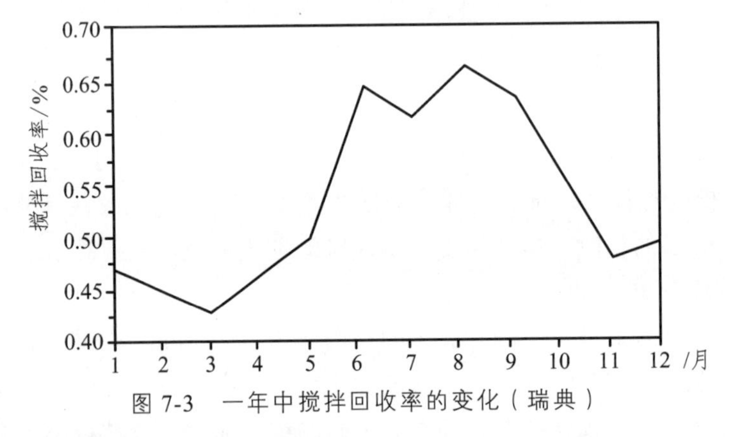

图7-3　一年中搅拌回收率的变化（瑞典）

（4）搅拌过程形成奶油的理论。由搅拌而形成奶油粒的理论，有很多学说，现将主要的几种学说分别叙述如下：

①“相转契说（phase reversal theory）”。此学说系1917年Fisher和Hooker所提出。他们认为稀奶油是“油在水中”的乳浊液，这时脂肪球的周围被蛋白质膜所包围，防止了脂肪球的集结。如将蛋白质膜破坏，使脂肪球集结而形成奶油粒，这时水分则分散于奶油粒中间，变成“水在油中”的乳胶体。由于脂肪分散状态发生转变，因此，称为“相转契”。根据电导率的变化和从显微镜下的观察来看，也证明了油相与水相的转变。但整体来看该理论只是考虑到脂肪处于液体状态，而实际上制造奶油时，稀奶油必须进行冷却成熟。因此，稀奶油中的脂肪其实并非液态，而为固态，也就是说脂肪系以悬浊质分散在水中，此理论无法解释固体脂肪的转变情况。此外，Fisher及Hooker只是从水相及油相来说明电导率，实际上在搅拌时，产生很多气泡，而气相的电导率并未加以考虑。所以到1922年Rahn又提出了泡沫说。

②“泡沫说（foam theory）”。“泡沫说”认为，稀奶油中的脂肪球具有很大的表面张力，因此防止了脂肪球的集结，如果要脂肪球集结而形成奶油粒，则首先需要破坏表面张力。

当稀奶油搅拌时，产生很多的泡沫，这时包围于脂肪球周围的蛋白质膜被气泡所吸附，致使脂肪球排列于泡沫上，因此使脂肪球与脂肪球之间的距离显著接近。由于气泡系一层蛋白质的薄膜包围着空气而成，当搅拌时，气泡与空气接触后，蛋白质渐渐失去柔软性，硬化而脆弱，再加上搅拌的机械力量，随之而破裂。这时原来气泡上的脂肪球，由于受到急速而强烈的打击力量，使表面张力破坏，从而使脂肪球集结。

此学说虽较“相转契说”进一步说明了奶油颗粒形成的理论，但是球膜如何破坏，脂肪球如何被拉到气泡表面，则没有说明。

③“漂浮说”。此学说由原苏联的学者提出，认为稀奶油是一种稳定的乳浊液，其周围包有一层能阻止脂肪球相互结合的磷脂蛋白质膜。当搅拌时形成大量气泡，而气泡表面的活性物质要比脂肪球表面少得多，因此，迫使表面活性物质从脂肪球表面移至气泡上，从而使脂肪失去了保护层，并使脂肪球吸附在气泡表面（漂浮）。随着搅拌程度的增加，集中到气泡周围的程度越大，当集中到一定程度时（即所有脂肪球几乎都集中在气泡周围时），由于气泡受流体力学的作用和机械力量的打击作用而破裂，从而使脂肪球互相结合而形成颗粒。

④ 金氏（King）理论。1955 年金氏等又发表了新的理论，该理论认为脂肪球的集结形成奶油颗粒可以分成两个阶段，即首先由于脂肪球中液体脂肪的作用形成疏水性，然后流在脂肪球表面的液体脂肪会合，包围了很多的脂肪球，于是生成奶油粒。如图 7-4 中 A 为被蛋白质膜所包围的脂肪球，膜中包含有液体脂肪及固体脂肪，由于搅拌的作用使脂肪球膜破一小孔，从此孔压出液体脂肪而产生疏水性部分 B，液体脂肪继续压出包围了整个脂肪球，而形成了 C 的状态。这部分液体脂肪与其他脂肪球中压出的液体脂肪会合而形成奶油粒，如 D。

此学说能说明由于物理成熟过度时，易产生搅拌困难的情况。但是为什么脂肪球能开一小孔，为什么被压出的液体脂肪能够包围在乳化剂膜亲水性的一端等问题并未阐明，所以此理论还是不能够充分说明形成奶油粒的原理。

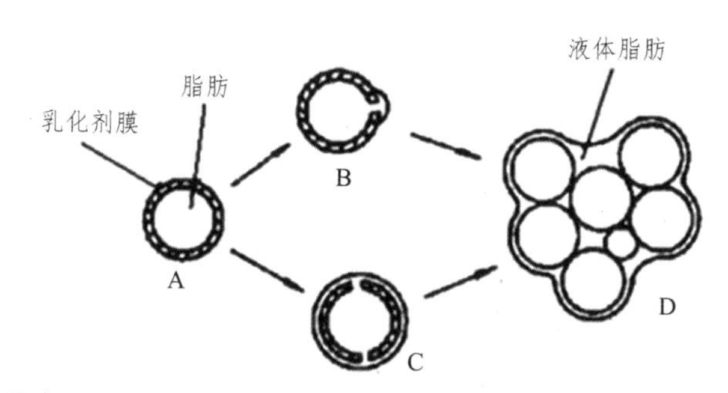

A—脂肪球；B—被压出的液体脂肪；C—被压出的液体脂肪包围了的脂肪球；
D—液体脂肪会合形成颗粒

图 7-4　金氏理论示意图

⑤“氢结合说”。该学说认为脂肪球系被乳化剂的分子所包围（图 7-5 中的 1），乳化剂分子的疏水性末端插入脂肪中，而亲水性的末端与其周围水相中的氢相结合。

在普通搅拌温度下，脂肪球的内部呈结晶状。但脂肪球周围的乳化剂融点低，在此温度时软而易动，因此可以称为油状物（因其易动称为膜不适当），由于此乳化剂分子为脂肪分子混合存在而不纯，因而妨碍其结晶化。

当搅拌开始时生成气泡，而与脂肪球接近，因此包围于脂肪球周围的乳化剂分子为气泡所吸引，并逐渐被拉到气泡的周围，使整个气泡周围被乳化剂包围。当乳化剂由脂肪球向气泡表面移动时，乳化剂疏水性末端的一部分液体脂肪也同时被吸引。故实际上气泡周围为乳化剂及部分液体脂肪的混合物所包围，结果水与空气间表面部分存在的水分子的残余原子价，由于乳化剂和氢的结合而趋于饱和。

至于乳化剂膜能够被吸引到气泡的表面，这是因为在水相中存在的水分子，由于氢键的作用与自己周围的水分子结合而饱和，没有残余开放，即没有残余原子价存在。但当搅拌生成气泡时，发生水相包围空气相，此水相与空气相的界面，即气泡表面存在的水分子，朝向空气而无缔合现象，从而成为开放氢缔合状态，即所谓产生了残余原子价。此残余原子价具有高的能量，且不稳定，有迅速寻找对象而成氢结合的性质，因此压缩气泡中的空气使气泡变小。这种压缩作用继续进行，使气泡骤然破坏，气泡表面的水分子由于正受着残余原子价的作用立即与附近的乳化剂结合，于是把乳化剂拉到另一气泡的表面，因此气泡表面被乳化剂所包围。当产生氢结合时会释放出结合能，所以是一种放热反应。相反，当破坏氢结合时则必须供给热能，这就是在搅拌时发生脂肪球周围的乳化剂被吸引到气泡表面的原因，也就是气泡周围被脂肪与乳化剂的混合物所包围。

脂肪球周围的乳化剂被除去，则脂肪球由水相进入气相中（图 7-5 中 2 至 5）。继续搅拌则气泡生成更多，于是乳化剂的表面积逐渐增大，乳化剂从来与脂肪混合的混合物中分离出来的部分也就更多。经纯化后的乳化剂，逐渐成为纯乳化剂的结晶，当气泡产生最多时，结晶的能力也最大。

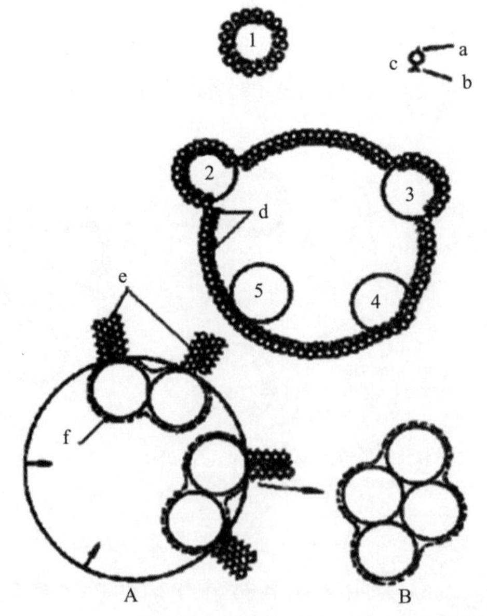

a—亲水基；b—疏水基；c—脂肪；d—液体脂肪；e—乳化剂结晶；f—液体脂肪

图 7-5　氢结合学说示意图

为了使乳化剂分子集合结晶化，乳化剂与水分子间的氢结合非破坏不可。为此必须供给热能，该热能由乳化剂结晶时所发出的热能（即氢结合时释放出的热能）所供给，如此当纯化乳化剂结晶时所产生的热能使气泡表面的氢结合破裂，在此瞬间气泡表面的水分子再次出现残余原子价。由于这种作用，水分子为了尽可能使表面积缩小，首先使气泡破裂，进入气泡中的脂肪球由于继续作用的水表面的收缩作用将脂肪球压缩成块，从而形成奶油粒（图 7-5 中 A→B）。

9. 奶油粒的洗涤

水洗涤的目的是除去奶油粒表面的酪乳和调整奶油的硬度。同时如用有异常气味的稀奶油制造奶油时，洗涤奶油粒能使部分异常气味消失。但水洗会减少奶油粒的数量。

（1）水温。水洗用的水温为 3 ~ 10 °C，可按奶油粒的软硬、气候及室温等决定适当的温度。一般夏季水温宜低，冬季水温稍高。水洗次数为 2 ~ 3 次。稀奶油的风味不良或发酵过度时可洗 3 次，通常 2 次即可。如奶油太软需要增加硬度时，第一次的水温应较奶油粒的温度低 1 ~ 2 °C，第二次、第三次各降低 2 ~ 3 °C。水温降低过急时，容易产生奶油色泽不均匀。每次洗涤的用水量以与酪乳等量为原则。

（2）水质。奶油洗涤后，有一部分水残留在奶油中，所以洗涤水应是质量良好，符合饮用水的卫生要求。细菌污染的水应事先煮沸再冷却并检验合格方可使用。含铁量高的水易促使奶油脂肪氧化，须加注意。如用活性氯处理洗涤水时，有效氯的含量不应高于 0.02%。

10. 奶油的加盐

① 加盐目的。加盐目的是增加风味，抑制微生物的繁殖，增加保存性。

② 食盐质量。不纯的食盐，其中有很多夹杂物，如硫酸钾、氯化钾、氯化镁等，同时也存在微生物。因此，食盐的纯度必须符合国家标准特级品或一级品精盐标准。

③ 食盐用量及加盐方法。奶油成品中的食盐含量大致以 2%为标准。由于在压炼时部分食盐流失，因此添加时，按 2.5% ~ 3.0%加入。加入前需将食盐在 120 ~ 130 °C 的保温箱中焙烘 3 ~ 5 min，然后过筛应用。

食盐可以加在奶油层上或奶油粒中。加于奶油层上时，需先除去奶油制造器中的洗涤水，然后旋转压榨器将奶油粒加工成一薄层，转动 2 ~ 3 次以后，将桶门向下排出游离水，此时取出平均样品测定含量。按照奶油的理论产量，计算所需食盐的量。

奶油的理论产量可按照下式计算：

$$m_1 = \frac{m_2(F_C - F_S)}{F_B - F_S}$$

式中 m_1——奶油的理论产量，kg；

m_2——进行搅拌的稀奶油量，kg；

F_C——稀奶油含脂率，%；

F_B——奶油含脂率，%；

F_S——酪乳含脂率，%。

例：今有含脂率33%的稀奶油400 kg，酪乳含脂率为0.4%，奶油含脂率为81.8%，试计算奶油的理论产量。

解：$m_1 = \dfrac{m_2(F_C - F_S)}{F_B - F_S} = \dfrac{400\times(33-0.4)}{81.8-0.4} = 160\ (\text{kg})$

得出奶油理论产量后，奶油中应加的食盐量可按下式计算：

$$m = \frac{m_1 \times C}{100} \times 1.03$$

式中　m——食盐量，kg；

m_1——奶油理论产量，kg；

1.03——损失食盐的校正系数；

C——奶油中所要求的食盐含量，%。

所需的食盐量确定以后，如在奶油层上加盐时，将一半食盐用筛子均匀地撒布于奶油的整个表面，静置10～15 min，再旋转奶油搅拌器3～5转；同样，再加第二次，将全部食盐分成2次或3次加完。

11. 奶油的压炼

将奶油粒压成奶油层的过程称压炼。小规模加工奶油时，可在压炼台上用手工压炼。一般工厂均在奶油制造器中进行压炼。

（1）压炼的目的。压炼的目的是使奶油粒变为组织致密的奶油层，使水滴分布均匀，食盐全部溶解并均匀分布于奶油中。同时调节水分含量，即在水分过多时排除多余的水分，水分不足时加入适量的水分并使其均匀吸收。

（2）压炼的方法、压炼程度及水分调节。新鲜奶油在洗涤后应立即进行压炼。应尽可能完全除去洗涤水，然后关上旋塞和奶油制造器的孔盖，并在慢慢旋转搅拌桶的同时开动压榨轧辊。压炼初期，被压榨的颗粒形成奶油层，同时表面水分被压榨出来，此时奶油中水分显著降低。当水分含量达到最低限度时，水分又开始向奶油中渗透。奶油中水分容量最低的状态称为压炼的临界时期。压炼的第一阶段到此结束。

压炼的第二阶段，奶油水分逐渐增加。在此阶段水分的压出与进入是同时发生的。第二阶段开始时，这两个过程进行速度大致相等。但是，末期从奶油中排出水的过程几乎停止，而向奶油中渗入水分的过程则加强，这样就引起奶油中的水分增加。

压炼的第三阶段，奶油中水分显著增高，而且水分的分散加剧。根据奶油压炼时水分所发生的变化，使水分含量达到标准化。所以每个工厂应通过实验方法，来确定在正常压炼条件下调节奶油中水分的曲线图。为此，在压炼中，每通过压榨轧辊3～4次，必须测定一次含水量。

根据压炼条件，开始时碾压5～10次，以便将颗粒汇集成奶油层，并将表面水分压出。然后稍微打开旋塞和桶孔盖，再旋转2～3转，随后使桶口向下排出游离水，并从奶油层的不同地方取出平均样品，测定含水量。在这种情况下，奶油中含水量如果低于标准，可按下述公式计算不足的水分。

$$m_2 = \frac{m_1(w_A - w_B)}{100}$$

式中　m_2——不足的水量，kg；

m_1——理论上奶油的质量，kg；

w_A——奶油中容许的标准水分，%；

w_B——奶油中含有的水分，%。

将不足的水量加到奶油制造器内，关闭旋塞而后继续压炼，不让水流出，直到全部水分被吸收为止。压炼结束之前，再检查一次奶油的水分。如果已达到了标准，再压榨几次使其分布均匀。

在制成的奶油中，水分应成为微细的小滴均匀分散。当用铲子挤压奶油块时，不允许有水珠从奶油块内流出。

在正常压炼的情况下，奶油中直径小于 15 μm 的水滴的含量要占全部水分的 50%，直径达 1 mm 的水滴占 30%，直径大于 1 mm 的大水滴占 5%。奶油压炼过度会使奶油中有大量空气，致使奶油中物理化学性质发生变化。正确压炼的新鲜奶油、加盐奶油和无盐奶油，水分含量都不应超过 16%。

12. 奶油的包装

奶油一般根据其用途可分为餐桌用奶油、烹调用奶油和食品加工用奶油。餐桌用奶油是直接涂抹面包食用（亦称涂抹奶油），故必须是优质的，都要小包装。一般用硫酸纸、塑料夹层纸、铝箔纸等包装材料，也有用小型马口铁罐真空密封包装或塑料盒包装。烹调或食品加工用奶油一般都用较大型的马口铁罐、木桶或纸箱包装。小包装用的包装材料应具有下列条件：① 韧性好并柔软；② 不透气，不透水，具有防潮性；③ 不透油；④ 无味，无臭，无毒；⑤能遮蔽光线；⑥不受细菌的污染。

小包装一般用半机械压型手工包装或自动压型包装机包装。包装规格：小包装有几十到几百克，大包装有 25 ~ 50 kg，根据不同要求有多种规格。无论什么规格，包装都应特别注意：① 保持卫生，切勿以手接触奶油，要使用消毒后的专用工具。② 包装时切勿留有间隙，以防产生霉斑或发生氧化等变质现象。

13. 奶油的贮藏和运输

成品奶油包装后须立即送入冷库内冷冻贮藏，冷冻速度越快越好。一般在 – 15 °C 以下冷冻和贮藏，如需较长期贮藏时需在 – 23 °C 以下。奶油出冷库后在常温下放置时间越短越好，在 10 °C 左右放置时最好不超过 10 d。奶油的另一个特点是较易吸收外界气味，所以贮藏时应注意不得与有异味的物质贮放在一起，以免影响奶油的质量。奶油运输时应注意保持低温，以用冷藏汽车或冷藏火车等运输为好，如在常温运输时，成品奶油运达用货部门时的温度不得超过 12 °C。

第三节 奶油的连续化生产

奶油连续化生产的方法是在19世纪末采用的，但当时采用非常有限。20世纪40年代末这种方法得到了发展，形成三种不同的工艺，它们都以传统方法——搅拌、离心分离浓缩或酸化为基础。以传统搅拌为基础的工艺之一是弗里茨（Fritz）法，现在主要在西欧使用。除了应用以此为基础的机器，奶油的制造与传统方法相同。除了由于水的均匀一致和细微分布的原因，使奶油表面稍粗糙和较稠密外，产生的奶油基本上也是一致的。

图7-6和图7-7为一台奶油制造机的截面图。稀奶油首先加到双重冷却的装有搅打设施的搅拌筒1中，搅打设施由一台变速发动机带动。在搅拌筒中，进行快速转化，当转化完成时，奶油团粒和酪乳通过分离口（第一压炼口）流入压炼区2，在此奶油与酪乳分离。奶油团粒在此用循环冷却酪乳洗涤。在分离口，螺杆把奶油压炼，同时也把奶油输送到下一道工序。

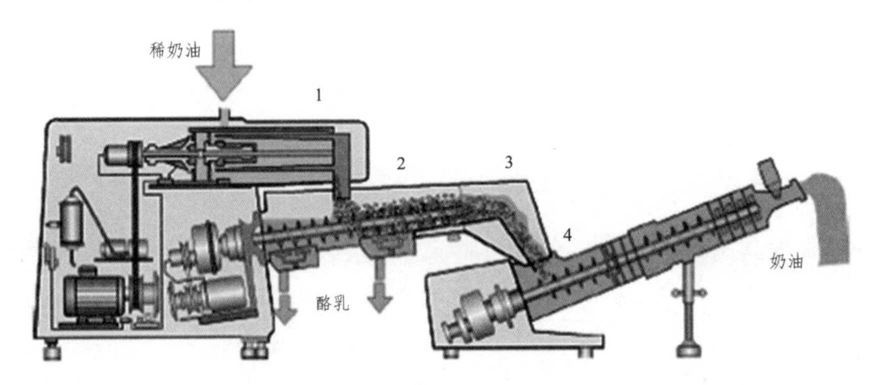

1—搅拌筒；2—压炼区；3—榨干区；4—第二压炼区

图7-6 奶油连续制造机

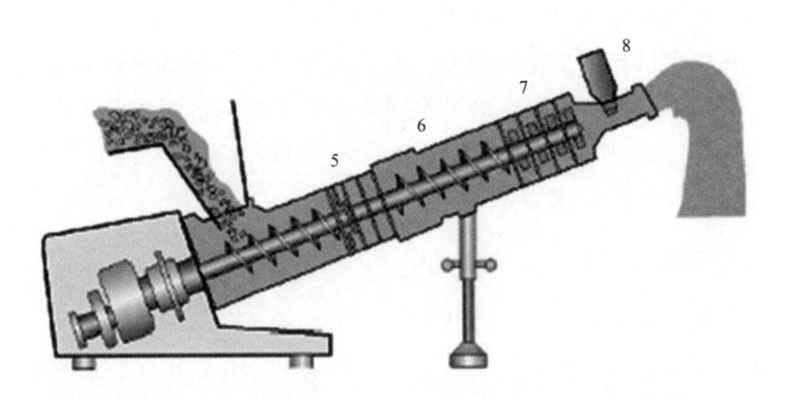

5—喷射区；6—真空压炼区；7—最后压炼区；8—水分控制设备

图7-7 真空压炼区

在离开压炼工序时，奶油通过一锥形槽道和一个打孔的盘（即榨干段3），以除去剩余的酪乳，然后奶油颗粒继续输送至第二压炼区 4，每个压炼区都有不同的发动机，使它们能按不同的速度操作以得到最理想的结果，正常情况下第一阶段螺杆的转动速度是第二阶段的两倍。紧接着的最后压炼阶段可以通过高压喷射器将盐加入喷射区 5。

下一个阶段是真空压炼区 6，此段和一个真空泵连接，在此可将奶油中的空气含量减少到和传统制造奶油的空气含量相同。最后压炼区 7 由四个小区组成，每个小区通过一个多孔的盘相分隔，不同大小的孔盘和不同形状的压炼叶轮使奶油得到最佳处理。第一小区也有一喷射器用于最后调整水分含量，一旦经过调整，奶油的水分含量变化限定在 0 ~ 0.1% 的范围内保证稀奶油的特性保持不变。

水分控制设备（可感应水分含量、盐含量、密度和温度的传感器）配备在机器的出口，可以用来对上述这些参数进行自动控制。最终成品奶油从该机器的末端喷头呈带状连续排出，进入奶油仓，再被输送到包装机。

第四节 无水乳脂

无水乳脂（anhydrous milk fat，AMF）是一种几乎完全由乳脂肪构成的产品。在无水乳脂工业化生产之前，就有一种古老的浓缩乳脂产品——印度酥油（ghee），它比无水乳脂的蛋白质含量高，风味更好，曾在印度和阿拉伯国家流行数世纪之久。

一、无水乳脂的种类

根据 FIL-IDF，68A：1977 国际标准，无水乳脂被加工成三种品质不同的类型。

（一）无水乳脂

必须含有至少 99.8%的乳脂肪，并且必须是由新鲜稀奶油或奶油制成，不允许含有任何添加剂，例如用于中和游离脂肪酸的添加物。

（二）无水奶油脂肪

必须含有至少 99.8%的乳脂肪，但可以由不同贮期的奶油或稀奶油制成。允许用碱去中和游离脂肪酸。

（三）奶油脂肪

必须含有 99.3%的乳脂肪，原材料和加工的详细要求和无水奶油脂肪相同。

二、无水乳脂的特性

无水乳脂是奶油脂肪贮存和运输的极好形式，因为它比奶油需要的空间小，奶油是奶油脂肪（butterfat）的传统贮存形式。奶油被认为是一新鲜的制品，尽管它可能在 4 °C 下要贮存 4 ~ 6 周。如要贮存更长一段时间，如 10 ~ 12 个月以上，那么贮存温度必须低于 -25 °C。无水乳脂一般装在 200 L 的桶中，桶内含有惰性气体氮（N_2），能在 4 °C 下贮存几个月。无水乳脂在 36 °C 以上温度时是液体，在 16 ~ 17 °C 以下是固体，适宜以液体形式使用，因为液态易和其他产品混合且便于计量，所以无水乳脂适用于不同乳制品的复原，同时还可用于巧克力和冰激凌制造工业。

三、无水乳脂的生产原理及工艺流程

无水乳脂的生产主要根据两种方法来进行，一种是直接用稀奶油（乳）来生产无水乳脂；另一种是通过奶油来生产无水乳脂。无水乳脂的生产原理见图 7-8。

无水乳脂的质量与原材料息息相关，如果稀奶油或奶油质量不佳，在最终蒸发步骤进行之前可以通过处理（洗涤）或中和乳油等手段提高产品质量。用稀奶油生产无水乳脂的工艺流程见图 7-9。

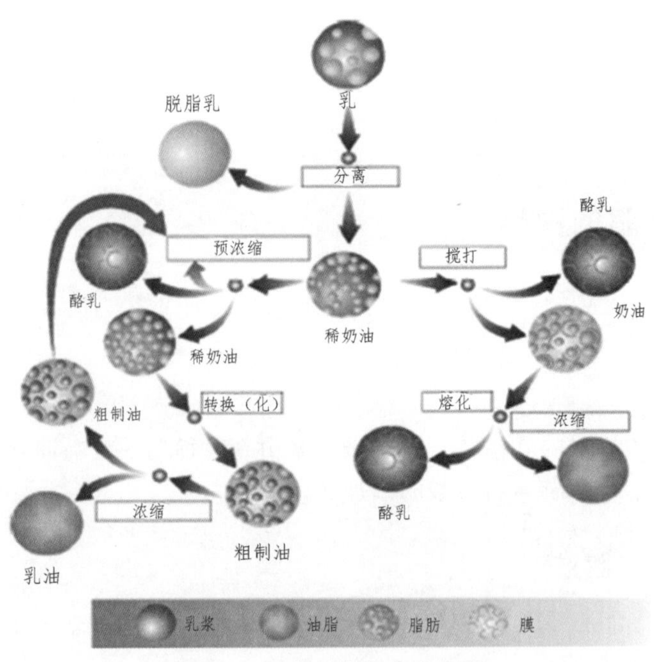

图 7-8　无水乳脂的生产原理

四、用稀奶油生产无水乳脂

用稀奶油生产无水乳脂典型的生产线如图 7-10。

在图 7-10 中，巴氏杀菌的或没有经过巴氏杀菌的含脂肪 35% ~ 40%的稀奶油由平衡槽 1 进入 AMF 加工线，然后通过板式热交换器 2 调整温度或巴氏杀菌后再被输送到离心机 4 进行预浓缩提纯，使脂肪含量达到约 75%（在预浓缩和到板式热交换器时的温度保持在约

60 °C)，“轻”相被收集到缓冲罐 6，待进一步加工。同时“重”相即酪乳的那部分可以通过分离机 5 重新脱脂，脱出的脂肪再与稀奶油混合，脱脂乳再回到板式热交换器 2 进行热回收后到贮存罐。经在罐 6 中贮存后浓缩稀奶油输送到均质机 7 进行相转换，然后被输送到最终浓缩器 9。

由于均质机工作能力比最终浓缩器高，所以多出来的浓缩物要回流到缓冲罐 6。均质过程中部分机械能转化成热能，为免干扰生产线的温度平衡，这部分过剩的热要在冷却器 8 中去除。最后，含脂肪 99.8% 的乳脂肪在板式热交换器 11 中再被加热到 95 ~ 98 °C，排到真空干燥器 12 使水分含量不超过 0.1%，然后将干燥后的乳油冷却到 35 ~ 40 °C，这也是常用的包装温度。

用于处理稀奶油的 AMF 加工线上的关键设备是用于脂肪浓缩的分离机和用于相转换的均质机。

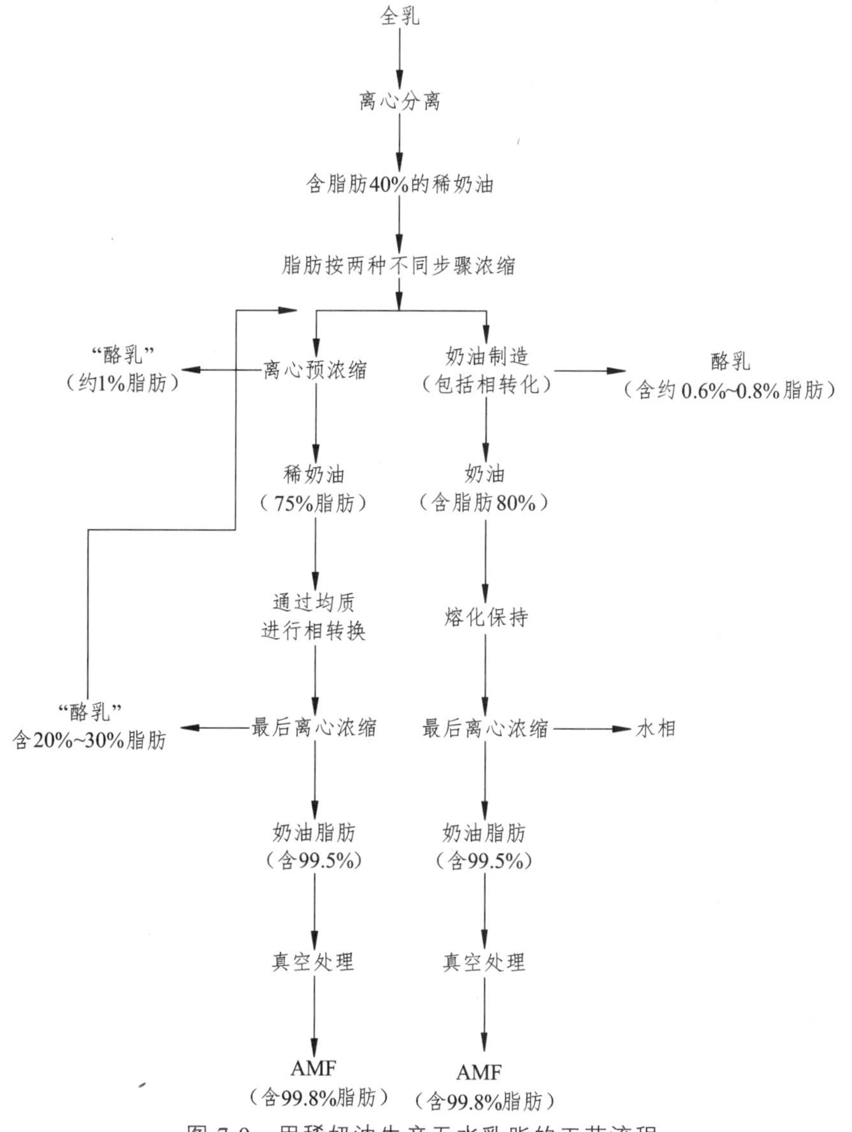

图 7-9　用稀奶油生产无水乳脂的工艺流程

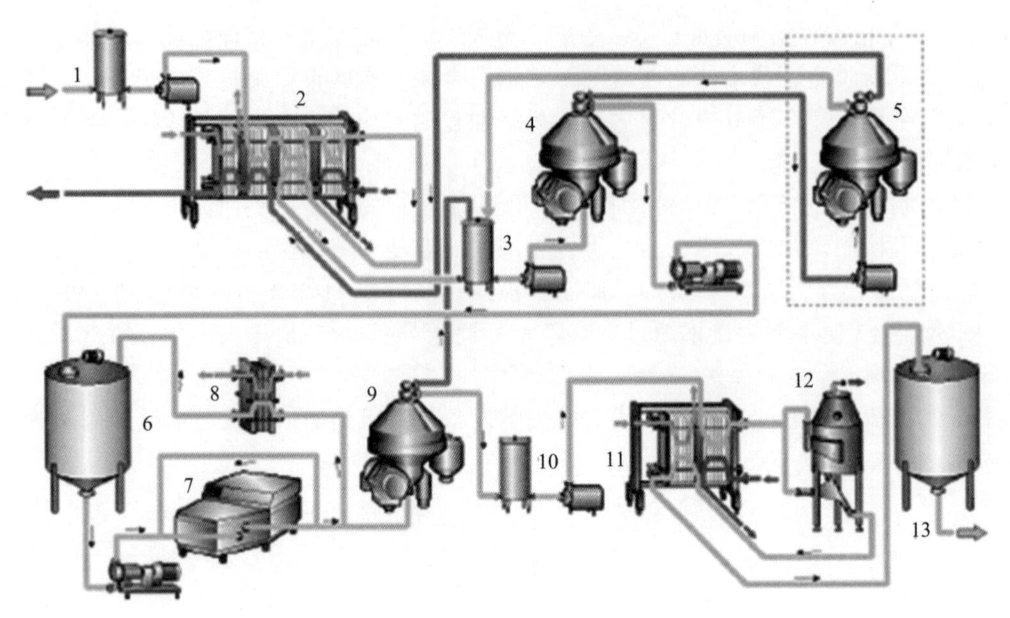

1—第一平衡槽；2—板式热交换器（加热或巴氏杀菌用）；3—第二平衡槽；4—离心机（预浓缩）；
5—分离机（备用的），为了来自浓缩机（4）的“酪乳”用；6—缓冲罐；7—均质机；
8—冷却器；9—最终浓缩器；10—第三平衡槽；11—加热/冷却的板式热交换器；
12—真空干燥器；13—贮存罐

图 7-10　用稀奶油生产 AMF 的生产线

五、用奶油生产无水乳脂

无水乳脂经常用奶油来生产。实验证明当使用新生产的奶油作为原材料时，通过最终浓缩要获得鲜亮的乳脂有一些困难，乳脂会产生轻微混浊现象。当用贮存两周或更长时间的奶油生产时，这种现象则不会产生。

产生这种现象的原因还不十分清楚，但在搅打奶油时要用贮存过一定时间的奶油状态才会良好，并且生产中还注意到，加热奶油样品时，新鲜奶油的乳浊液比贮存一段时期的奶油的乳浊液更难于破坏，并且看起来也不那么鲜亮。

不加盐的甜性稀奶油常被用作 AMF 的原料，但酸性稀奶油、加盐奶油也可以作为原料。

用奶油生产无水乳脂的典型生产线如图 7-11。

在图 7-11 中，生产线的原材料是采用贮存过一段时间后的奶油，原材料也可以采用在 – 25 °C 下贮存过的冻结奶油。奶油在不同设备中被直接加热熔化，在最后浓缩开始之前，熔化的奶油的温度应达到 60 °C。

直接加热（蒸汽喷射）结果总会导致含有小气泡分散相的新的乳状液形成，这些小气泡的分离十分困难，在连续的浓缩过程中此相和乳油浓缩到一起而引起浑浊。

熔化和加热后，热产品被输送到保温罐 2，在此贮存 20 ~ 30 min，主要是确保完全熔化，同时也是为了使蛋白质絮凝。产品从保温罐 2 被输送到最终浓缩器 3，浓缩后上层轻相含有 99.5%脂肪，再转到板式热交换器 5，加热到 90 ~ 95 °C，再到真空干燥器 6，最后再回到板式热交换器 5，冷却到包装温度 35 ~ 40 °C。重相可以被输送到酪乳罐或废物收集罐，这要根据它们是否纯净无杂质或是否有中和剂污染来决定。

如果所用奶油直接来自连续的奶油生产机，也与用新鲜奶油的情况相同，会出现云状油层上浮的危险，通常使用密封设计的最终浓缩器（分离机）通过调整机器内的液位来获得容量稍微少点的含脂肪 99.5%的清亮油相，同时重相相对脂肪含量高一些，大约含脂肪 7%，且容量略微多一点，因此，重相应再分离，所得稀奶油和用于制造奶油的稀奶油原料混合，再循环输送到连续奶油生产机。

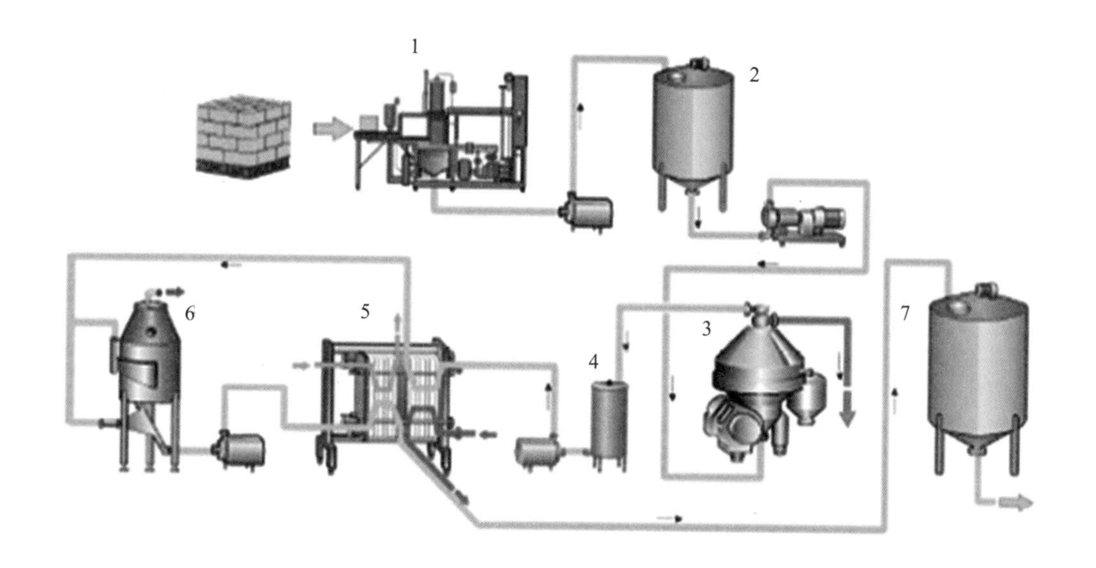

1—奶油熔化和加热器；2—贮存罐；3—浓缩器；4—平衡槽；
5—加热/冷却用板式热交换器；6—真空干燥器；7—贮藏罐

图 7-11　用奶油制作 AMF 的生产线

第八章　干　酪

第一节　概　述

一、干酪的历史

干酪（cheese）是最古老的加工食品之一。大约公元前 3 000 年，远古的苏美尔人就记载了将近 20 种软质干酪，这是历史上对于干酪的首次记载。关于干酪的起源的说法很多，传说干酪是由一位阿拉伯商人意外制得的。这位商人需要用一天的时间来穿越沙漠，于是他便将乳装入一个用羊胃制成的皮袋中，作为一天的食物。因羊胃的内部含有皱胃酶，再加上日晒温度，致使羊胃中的乳分离成凝乳和乳清。当天晚上，商人很高兴地发现分离出来的乳清正好解决了他口渴的问题，而愉悦爽口的凝乳（干酪）也正好满足了他饥饿的需要。

世界上最初形式的干酪是一种酸乳酪，这种酸乳酪是当今新鲜、未成熟奶酪如 Cottage 干酪和 Cream Cheese 的雏形。在酸乳酪出现后不久，因鲜乳酪无法保存，游牧民族很快发现，通过移出奶酪中的水分，压制凝乳块，加盐并在太阳下晒干，可以延长干酪的保存期，这样便开始了硬质干酪的制作。

不经酸化而用凝乳酶凝乳是干酪制作过程的一个飞跃。在 3 世纪或 4 世纪，此类干酪的生产制作已经相当成熟。在罗马时代，模制和压制与凝乳酪的使用相结合，生产硬质干酪的过程与我们现在所采用的工艺已十分相似。

干酪的工业化生产是从 19 世纪开始的。1851 年美国建立了第一个牧民间合作的干酪加工厂；1870 年英国的第一家干酪加工厂在德贝郡建立，到 1874 年为止仅德贝郡一地已有 6 家干酪加工厂。其他国家的干酪加工厂也随后快速发展起来。进入 21 世纪，干酪加工有了较迅猛的发展，目前在发达国家生乳近半数以干酪形式消费，它是乳制品中总耗乳量最大的产品。

二、干酪的概念

干酪是指在乳中（也可以用脱脂乳或稀奶油等）加入适量的乳酸菌发酵剂和凝乳酶

（Rennin），使乳蛋白质（主要是酪蛋白）凝固后，排除乳清，将凝块压成所需形状而制成的产品。制成后未经发酵成熟的产品称为新鲜干酪；经长时间发酵成熟而制成的产品称为成熟干酪。国际上将这两种干酪统称为天然干酪（Natural Cheese）。

据文献记载干酪的种类近 2 000 种，随着新产品开发，干酪的种类每年都在增加，但由于一种干酪在不同国家和不同时间有不同名称，干酪的实际品种应远高于 2 000 种。正是这些原因，使得要给干酪一个精确的定义变得非常困难。为此原国际粮农组织（FAO）设计了一个编号原则，给出干酪的定义："通过将牛乳、脱脂乳或部分脱脂乳，或以上乳的混合物凝结后排放出液体得到的新鲜或成熟产品。"这个定义没有将乳清干酪和新方法制成的干酪包含在内。因此，在第二次定义时，新加入了乳清干酪，"乳清干酪是通过添加或不添加牛乳或乳脂肪成分的乳清浓缩或凝结的产品"。第二次定义把德国的 Ziger 干酪，北欧的乳清干酪如 Mysost 和 Gjetost，罗马尼亚的 Urda 干酪以及一些 Ricotta 干酪包括了进来。

三、干酪名称和标准的历史沿革

1951 年，《史特雷莎公约》（stresa convention）就有关商业上著名干酪名称签订了协议，这个协议规定对澳大利亚、比利时、法国、丹麦、意大利、荷兰和瑞典等国的干酪名称给予国际性保护，具体分为两组。A 组是仅用于生产国的干酪名称，如法国（Roquefort）、意大利（Pecorino Romano，Gorgonzola，Parmigiano Reggiano）；B 组有 29 个不同名称，能用于其他国家的仿制干酪，但应包括生产国家的名称在内，如澳大利亚（Pinzgauer Bergkase）、丹麦（Samsoe，Maribo，Danbo，Fynbo，Elbo，Tybo，Havarti，Danablu，Marmora）、法国（Camembert，Brie，St.Paulin）、意大利（Fontina，Fiore Sardo，Asiago，Provolone，Caciocavallo），挪威（Gudbrandsdadalost，Kokkelost）、瑞典（Svecia，Herrgaardsost）、瑞士（EmmenTal，SbRinz，Gruyère）、荷兰（Gouda，Edam，Friese，Leyden）。

1961 年，FAO 公布了涵盖乳和乳制品的基本标准，其中对干酪及其他乳制品加以定义，但没有公布质量标准。紧接着来自 33 个国家的代表聚集到一起为 FAO/WHO 共同制订干酪的质量标准。在 1966～1972 年间，25 个 FAO/WHO 干酪标准被通过，颁布标准的干酪分别为： Cheddar，Cheshire，B1ue Stilton，Dandblu，Danbo，Samsoe，Havarti，Maribo，Fynbo， Norvgia，Gudbradsost，Herrgaarclsost，Hushallot，Svecia，Edam，gouda，Emmental，Guryère，Tilsiter，Butterkase，Harzer，Limburger，St.Paulin，Provolone，Cottage 干酪。这些都是在其他国家比原产国更为活跃的干酪品种，它们在命名时必须既反映干酪品种也要反映生产国。进一步的标准名单在其后陆续被公布，这时已不仅对干酪的名称加以规范，而且对干酪的主要特征包括质量、形状、水分含量、干物质重、脂肪占干物质比重、盐分含量和其他相关特征也都作了规定。

另一方面，干酪标准方面的内容还在不时地被国际乳品联盟（IDF）或其他国际团体所更新，原欧洲经济共同体（EEC）的成立，由欧盟委员会制订的规章对未来的干酪贸易影响较大，这种影响不仅在经济上，甚至会影响到加工方法和原料供应。这种改变的影响在目前还难以预见，但 Council Regulation（EEC 1996）无疑已成为世界范围内关于干酪标准最有影响力的法规之一。

这些法规规定某些干酪只能在特定的区域生产，如斯蒂尔顿干酪（stilton Cheese）只能在英国的三个地方，Leicestershire，Nottinghamshire 和 Derbyshire 郡生产，菲达干酪（Feta Cheese）则只能在希腊生产。由于对传统技术的使用和原材料的选择也有严格规定，像丹麦的菲达干酪也不得不改名。

四、干酪的分类

干酪的种类繁多，即使除去一些较小的地方性品种，也数不胜数，这使得干酪的分类也变得异常复杂。知名干酪品种都有一些与众不同的特征，如尺寸、形状、质量、颜色、外观和检测数据等，但要测定滋味和气味，特别是当原料可能为牛乳、绵羊乳、山羊乳或水牛乳，又可能是混合乳时，则更加困难。有些干酪，虽在原料和制造方法上基本相同，但由于制造国家或地区不同，其名称也不同。如著名的法国羊乳干酪（Roquefort cheese），在丹麦生产的这种干酪被称作达纳布路干酪（Danablu cheese）；丹麦生产的瑞士干酪被称作萨姆索干酪（Samsoe cheese）；荷兰圆形干酪（Edam cheese）又被称为太布干酪（Tyb cheese）。

国际上通常把干酪划分为三大类：天然干酪、融化干酪（processed cheese）和干酪食品（cheese food），这三类干酪的主要规格、要求如表 8-1 所示。

表 8-1　天然干酪、融化干酪和干酪食品的主要规格

名称	规　格
天然干酪	以乳、稀奶油、部分脱脂乳、酪乳或混合乳为原料，经凝固后，排出乳清而获得的新鲜或成熟的产品，允许添加天然香辛料以增加香味和滋味
融化干酪	用一种或一种以上的天然干酪，添加食品卫生标准所允许的添加剂（或不加添加剂），经粉碎、混合、加热融化、乳化后而制成的产品，含乳固体 40%以上。此外，还有下列两条规定： （1）允许添加稀奶油、奶油或乳脂以调整脂肪含量； （2）为了增加香味和滋味，添加香料、调味料及其他食品时，必须控制在乳固体的 1/6 以内。但不得添加脱脂乳粉、全脂乳粉、乳糖、干酪素以及不是来自乳中的脂肪、蛋白质及碳水化合物
干酪食品	用一种或一种以上的天然干酪或融化干酪，添加食品卫生标准所规定的添加剂（或不加添加剂），经粉碎、混合、加热融化而成的产品，产品中干酪质量需占 50%以上。此外，还规定： （1）添加香料、调味料或其他食品时，需控制在产品干物质的 1/6 以内； （2）添加不是来自乳中的脂肪、蛋白质、碳水化合物时，不得超过产品的 10%

按干酪的质地、脂肪含量和成熟情况进行分类也是比较通行的方法，见表 8-2。

表 8-2　干酪的分类

<table>
<tr><th>MFFB*/%</th><th>质地</th><th>FDB**/%</th><th>脂肪含量</th><th>成熟情况</th></tr>
<tr><td><41</td><td>特硬</td><td>>60</td><td>高脂</td><td rowspan="5">1. 成熟的
a.表面成熟
b.内部成熟
2. 霉菌成熟的
a.表面成熟
b.内部成熟
3. 新鲜的</td></tr>
<tr><td>49 ~ 56</td><td>硬质</td><td>45 ~ 60</td><td>全脂</td></tr>
<tr><td>54 ~ 63</td><td>半硬</td><td>25 ~ 45</td><td>中脂</td></tr>
<tr><td>61 ~ 69</td><td>半软</td><td>10 ~ 25</td><td>低脂</td></tr>
<tr><td>>67</td><td>软质</td><td>>10</td><td>脱脂</td></tr>
</table>

注：*MFFB 指水分占干酪非脂成分的比例，其计算公式为：

$$\text{MFFB}=\frac{\text{干酪中的水分质量}}{\text{干酪质量}-\text{干酪中的脂肪质量}}\times 100\%$$

* * FDB 指脂肪占干酪成分的比例，其计算公式为：

$$\text{FDB}=\frac{\text{干酪中的脂肪质量}}{\text{干酪质量}-\text{干酪中的脂肪质量}}\times 100\%$$

现将几种比较著名的干酪品种及其特性简介如下：

1. 农家干酪（Cottage Cheese）

这种干酪是以脱脂乳、浓缩脱脂乳或脱脂乳粉的还原乳为原料加工制成的一种不经成熟的新鲜软质干酪。成品水分含量 80%以下（通常 70% ~ 72%）。成品中常加入稀奶油、食盐、调味料等，作为佐餐干酪，一般多配制成色拉或糕点。以美国产量最大，法、英也有生产。

2. 契达干酪（Cheddar Cheese）

这种干酪原产于英国的 Cheddar 村，是以牛乳为原料，经细菌成熟的硬质干酪。现在美国大量生产，成熟期为 1 ~ 36 个月。成品水分 39%以下，脂肪 32%，蛋白质 25%，食盐 1.4% ~ 1.8%。其特征是内部有不规则细纹。

3. 荷兰干酪（Gouda Cheese）

此干酪原产于荷兰的谷达村，是以全脂牛乳为原料，经细菌成熟的硬质干酪。目前各干酪生产国都有生产，其口感、风味良好，组织均匀。成品水分在 45%以下。其特征是包裹黄色或红色蜡衣。

4. 荷兰圆形干酪（Edam Cheese）

此干酪原为荷兰北部 Edam 市所生产的一种硬质干酪，目前许多国家都有生产。它是以全脂牛乳和脱脂牛奶等量混合而生产的一种细菌成熟硬质干酪，成熟期在半年以上，成品水分含量 35% ~ 38%。

5. 法国浓味干酪（Camembert Cheese）

又称卡门培尔干酪，原产于法国的 Camembert 村，是世界上最著名的品种之一，属于表面霉菌成熟的软质干酪，内部呈黄色，根据不同的成熟度，干酪成蜡状或稀奶油状。该产品口感细腻，咸味适中，具有浓郁的芳香风味，成熟期为 3 ~ 4 周。成品中水分 43% ~ 54%，食盐 2.6%。其特征是白色天鹅绒般外皮，干酪内部随着成熟期的延长而变得稀软。

6. 瑞士干酪（Swiss Cheese）

又称艾门塔尔干酪（Emmental cheese），此干酪是以牛乳为原料，经细菌发酵成熟的一种硬质干酪。产品富有弹性，稍带甜味，是一种大型干酪。由于丙酸菌的作用，成熟期间产生大量的 CO_2，在内部形成许多小孔，含水 40%以下。该产品美国产量很大，丹麦、瑞典都有生产，成熟期为 4 ~ 12 个月。其特征是内部有独特的大气孔，孔眼分布均匀，内部坚硬致密，切面有光泽，富有弹性。

7. 帕尔玛干酪（Parmesan Cheese）

此干酪是原产于意大利 Parmesan 市的一种细菌成熟的特硬质干酪。一般为 2 次成熟，需要 3 年左右的时间。成品中水分 25% ~ 30%，保存性良好。其特征为硬质而易碎，断面呈颗粒状。

8. 法国羊乳干酪（Roquefort Cheese）

又称洛克福干酪，此干酪原产于法国的 Roquefort 村，是以绵羊乳为原料制成的半硬质干酪，属于霉菌成熟的青纹干酪。美国、加拿大、英国、意大利等也生产类似产品。成熟期为 3 个月。其特征是内部青霉菌形成蓝绿色纹理。

9. 稀奶油干酪（Cream Cheese）

此干酪以稀奶油或稀奶油与牛乳混合物为原料而制成的一种浓郁、醇厚的新鲜非成熟软质干酪。成品中添加食盐、天然稳定剂和调味料等。成品一般含水分 48% ~ 52%，脂肪 33%以上，蛋白质 10%，食盐 0.5% ~ 1.2%。可以用来涂布面包或配制色拉和三明治等，主要产于英国、美国等。

10. 比利时干酪（Limburger Cheese）

这种干酪具有特殊的芳香味，是一种细菌表面成熟的软质干酪。成品水分含量在 50%以下，脂肪 26.5% ~ 29.5%，蛋白质 20% ~ 24%，食盐 1.6% ~ 3.2%。

11. 德拉佩斯特干酪（Trappist Cheese）

此干酪原产于南斯拉夫，又称为修道院干酪。以新鲜全脂牛乳制造，有时也混入少量的绵羊乳或山羊乳，是以细菌成熟的半硬质干酪。成品内部呈淡黄色，风味温和。成品含水分 45.9%，脂肪 26.1%，蛋白质 23.3%，食盐 1.3% ~ 2.5%。

12. 砖型干酪（Brick Cheese）

此干酪起源于美国，是以牛乳为原料的细菌成熟的半硬质干酪，成品内部有许多圆形或不规则形状的孔眼。成品含水分 44%以下，脂肪 31%，蛋白质 20%～23%，食盐 1.8%～2.0%。

五、干酪的组成和营养价值

（一）干酪的组成

干酪含有丰富的蛋白质、脂肪等有机成分和钙、磷等无机盐类，以及多种维生素及微量元素。几种主要干酪的化学组成见表 8-3。

表 8-3　干酪的组成（每 100 g 中的含量）

干酪名称	类型	水分 /%	热量 /cal	蛋白质 /g	脂肪 /g	钙 /mg	磷 /mg	维生素			
								A /IU	B_1 /mg	B_2 /mg	烟酸 /mg
契达干酪（Cheddar）	硬质（细菌发酵）	37.0	398	25.0	32.0	750	478	1 310	0.03	0.46	0.1
法国羊乳干酪（Roquefort）	半硬（霉菌发酵）	40.0	368	21.5	30.5	315	184	1 240	0.03	0.61	0.2
法国浓味干酪（Camcmbert）	软质（霉菌成熟）	52.2	299	17.5	24.7	105	339	1 010	0.04	0.75	0.8
农家干酪（Cottage）	软质（新鲜不成熟）	79.0	86	17.0	0.3	90	175	10	0.03	0.28	0.1

注：1cal = 4.2J

1. 水　分

干酪中水分含量与干酪的形体及组织状态关系密切，直接影响干酪的发酵速度。水分多时，酶的作用迅速，发酵时间短，成品易形成有刺激性的风味；水分少时，则发酵时间长，成品产生酯的风味。因此，干酪在加工时，控制水分含量很重要。在加工过程中，由于受加热条件、无脂乳固体含量、凝乳状态等因素影响，会造成成品含水量不一致。通常，农家干酪水分含量为 70%～72%，软质干酪为 40%～60%，半硬质干酪为 38%～45%，硬质干酪为 25%～36%，特硬质干酪为 25%～30%。

2. 脂　肪

原料乳的脂肪含量与干酪的收率、组织状态、产品质量有关。干酪中脂肪含量一般占干酪总固形物的 45%以上。在干酪的成熟过程中，脂肪的分解生成物是干酪风味形成的重要成分。脂肪可使干酪保持其特有的组织状态，呈现独特的口感、风味。

3. 酪蛋白

酪蛋白是干酪的重要成分之一。原料乳中的酪蛋白被酸或凝乳酶作用而凝固，形成干酪的组织，并包拢乳脂肪球。干酪成熟过程中，在相关微生物的作用下使酪蛋白分解，产生水溶性的含氮化合物，如肽、氨基酸等，形成干酪的风味物质。

4. 白蛋白、球蛋白

此类乳蛋白不被酸或凝乳酶凝固，但在酪蛋白形成凝块时，此类乳蛋白中一部分被机械地包含在凝块中。用高温加热乳制造的干酪中含有较多的白蛋白和球蛋白，给酪蛋白的凝固带来了不良影响，容易形成软质凝块。

5. 乳　糖

原料乳中的乳糖大部分被转移到乳清中。残存在干酪凝块中的部分乳糖可促进乳酸发酵，产生乳酸抑制杂菌繁殖，提高添加菌的活力，促进干酪成熟。

6. 无机物

牛乳中无机物含量最多的是钙和磷，在干酪成熟过程中与蛋白质的可融化现象有关。钙可以促进凝乳酶的凝乳作用。

（二）干酪的营养价值

干酪中含有丰富的营养成分，主要为蛋白质和脂肪，仅此而言，等于将原料乳中的蛋白质和脂肪浓缩 10 倍。此外，干酪所含的钙、磷等无机成分，除能满足人体的营养需要外，还具有重要的生理作用。干酪中的维生素类主要是维生素 A，其次是胡萝卜素、B 族维生素和烟酸等。干酪中的蛋白质经过成熟发酵后，由于凝乳酶和发酵剂微生物产生的蛋白酶的作用而成胨、肽、氨基酸等可溶性物质，极易被人体消化吸收，干酪中蛋白质的消化率为 96%～98%。另外，干酪作为固态食品，与液态乳相比，有运输方便、食用方便、保质期长等优点。

近年，人们开始追求营养价值高、保健功能全的食品。功能性干酪产品已经开始生产并正在进一步开发之中。如 Ca 强化、低脂肪、低盐等类型的干酪；还有向干酪中添加食物纤维、*N*－乙酰基葡萄糖胺、低聚糖、酪蛋白磷酸肽（CPP）等重要的具有良好保健功能的成分，可促进肠道内优良菌群的生长繁殖，增强肌体对钙、磷等矿物质的吸收，并且具有降低血液内胆固醇及防癌抗癌等效果。这些功能性成分的添加，给高营养价值的干酪制品增添了新的魅力。

六、干酪的生产和消费

（一）世界干酪的产量

干酪作为一种世界范围内的农副产品，它的产量在 1990 年曾达到一个高峰，在其后的几年中，它的产量又有所下降。到 1992 年，干酪的总产量达到一个最低值，但随后出现了回升的趋势。自 20 世纪 90 年代中期开始，回升趋势不断加快，到 1999 年时，世界干酪的总产量已经达到 15 378 千吨，与 1990 年的 14 823 千吨干酪总产量相比，增加了 3.7%。

世界上两个最主要的干酪产区是美国和欧洲。在欧洲，1999 年干酪的产量为 6 417 千吨，1990～1999 年期间，欧洲的干酪产量的增长速率达到每年 1.3%，在美国和加拿大，每年增长速率是 2.0%。美国是 1999 年世界干酪的最大产出国，产量约为 3 560 千吨，排在其后的是法国（1 659 千吨）和德国（1 591 千吨）。2017 年全球干酪产量 2 114 万吨，自 2010 年起年平均年增长率达 2.2%，是全球所有主要乳制品市场中需求量唯一持续增长的乳制品。当前干酪行业的生产格局是欧美发达国家主导市场，干酪的产量和加工水平都处于世界领先地位。欧盟和美国是全球干酪的主要生产地，2018 年，欧盟和美国的干酪产量占全球产量的比例高达 67.54%。其中，欧盟 2018 年干酪产量为 1 016 万吨，占全球干酪产量的 42.78%；美国 2018 年干酪产量为 587.8 万吨，占全球干酪产量的 24.75%。2017～2018 年世界主要的干酪生产国（地区）的干酪生产情况见表 8-4。

表 8-4 2017～2018 年主要的干酪生产国（地区）产量　　单位：千吨

国家或地区	2017 年产量	2018 年产量	国家	2017 年产量	2018 年产量
欧盟	10 050	10 160	加拿大	497	510
美国	5 742	5 878	墨西哥	396	410
俄罗斯	951	975	新西兰	378	380
巴西	771	755	澳大利亚	348	360
阿根廷	514	555	白俄罗斯	260	275

我国干酪产量近年来虽然增加迅速，但整体产量低。2017 年我国干酪产量达 8.3 万吨，2018 年我国干酪产量为 10.7 万吨。目前，我国有干酪生产许可证的企业约 45 家，其中有相当比例的企业实际并未生产，或者生产的产品并非真正意义上的干酪。根据中乳协的调查了解，有产量的企业约为 20 家。

（二）干酪的消费

从 20 世纪 90 年代起，全球干酪人均消费量增加。按美国农业部 2015 年统计数据，全球干酪消费量最大的国家是美国，占到全球消费量的 25.77%。分区域来看，欧盟地区消费干酪 903.7 万吨，占全球消费量的 45.19%，北美及加勒比海地区次之，再其次是南美地区，亚洲地区虽然人口众多，但消费最低。根据相关数据显示，在日本和中国，干酪的人均消费量可望达到年增长率 2.9%和 5.9%。尽管如此，与西方干酪消费水平相比，亚洲国家的干酪人均消费量依然非常少。但亚洲作为一个迅速增长的新兴市场，人口众多，是未来干酪的最大潜在市场。日本是现今亚洲最大的干酪市场，韩国次之。干酪消费在中国尚处于市场导入期，在生产方面更是刚刚起步，消费者也需要对干酪有更多的了解与认知，根据中国乳制品工业协会统计，我国人均干酪消费仅约 0.1 kg，不足欧美人均消费的百分之一。随着乳制品消费观念的改变，我国干酪市场拥有较好的发展前景。

第二节 干酪的发酵剂

一、干酪发酵剂的分类

在制造干酪的过程中，用来使干酪发酵与成熟的特定微生物培养物称为干酪发酵剂（Cheese Starter）。干酪发酵剂可分为细菌发酵剂与霉菌发酵剂两大类，也可分为天然发酵剂和调节发酵剂两大类。

（一）细菌发酵剂

细菌发酵剂主要以乳酸菌为主，应用的主要目的在于产酸和产生相应的风味物质。其中主要有乳链球菌、乳油链球菌、干酪乳杆菌、丁二酮链球菌、嗜酸乳杆菌、保加利亚乳杆菌以及嗞柠檬酸明串珠菌等。有时为了使干酪形成特有的组织状态，还要使用丙酸菌。

（二）霉菌发酵剂

霉菌发酵剂应用的主要目的是形成干酪不同的风味和质构特征。菌类主要是对脂肪分解强的卡门培尔干酪青霉、干酪青霉、娄地青霉等。某些酵母，如解脂假丝酵母等也在一些品种的干酪中得到应用。干酪发酵剂微生物及其使用制品如表 8-5 所示。

表 8-5　发酵剂微生物及其使用制品

发酵剂微生物		使用制品
一般名	菌种名	
乳球菌	嗜热乳链球菌	各种干酪，产酸及风味
	乳链球菌	各种干酪，产酸
	乳油链球菌	各种干酪，产酸
	粪链球菌	契达干酪
乳杆菌	乳酸杆菌	瑞士干酪
	干酪乳杆菌	各种干酪，产酸及风味
	嗜热乳杆菌	干酪，产酸及风味
	胚芽乳杆菌	契达干酪

续表

发酵剂微生物		使用制品
一般名	菌种名	
丙酸菌	薛氏丙酸菌	瑞士干酪
短密青霉菌	短密青霉菌	砖状干酪 林堡干酪
酵母类	解脂假丝酵母	青纹干酪 瑞士干酪
曲霉菌	米曲菌	法国绵羊乳干酪
	娄地青霉	
	卡门培尔干酪青霉	法国卡门培尔干酪

二、发酵剂的作用及组成

（一）干酪发酵剂的作用

发酵剂依据其菌种的组成、特性及干酪的生产工艺条件，主要有以下作用：

（1）发酵乳糖产生乳酸，促进凝乳酶的凝乳作用。在原料乳中添加一定量的发酵剂后，可产生乳酸，使乳中可溶性钙的浓度升高，为凝乳酶创造一个良好的酸性环境，进而促进凝乳酶的凝乳作用。

（2）在干酪的加工过程中，乳酸可促进凝块的收缩，产生良好的弹性，利于乳清的渗出，赋予制品良好的组织状态。

（3）在加工和成熟过程中可产生一定浓度的乳酸，有的菌种还可以产生相应的抗生素，可以较好地抑制产品中污染杂菌的繁殖，从而保证成品的品质。

（4）发酵剂中的某些微生物可以产生相应的分解酶分解蛋白质、脂肪等物质，从而提高制品的营养价值、消化吸收率。并且还可形成制品特有的芳香风味。

（5）由于丙酸菌的丙酸发酵，使乳酸菌所产生的乳酸还原，产生丙酸和二氧化碳气体，在某些硬质干酪产生特殊的孔眼特征。

综上所述，在干酪的生产中使用发酵剂可以促进凝块的形成，使凝块收缩和容易排除乳清，防止在制造过程和成熟期间杂菌的污染和繁殖，改进产品的组织状态，成熟中给酶的作用创造适宜的 pH 条件。

（二）干酪发酵剂的组成

作为某一种干酪的发酵剂，必须选择符合制品特征和需要的专门菌种来组成。根据制品需要和菌种组成情况可将干酪发酵剂分为单菌种发酵剂和混合菌种发酵剂两种。

1. 单菌种发酵剂

单菌种发酵剂只含一种菌种，如乳链球菌或乳油链球菌等。其优点主要是长期活化和使用，其活力和性状的变化较小；缺点是容易受到噬菌体的侵染，造成繁殖受阻和酸的生成迟缓等。

2. 混合菌种发酵剂

混合菌种发酵剂是指由两种或两种以上的产酸和产芳香物质、形成特殊组织状态的菌种，根据制品的不同，侧重按一定比例组成的干酪发酵剂。干酪的生产中多采用这一类发酵剂。其优点是能够形成乳酸菌的活性平衡；较好地满足制品发酵成熟的要求，全部菌种不能同时被噬菌体污染，从而减少其危害程度。缺点是每次活化培养很难保证原来菌种的组成比例，由于菌相的变化，培养后较难长期保存，每天的活力有一定的差异。因此，对培养和生产中的要求比较严格。

干酪发酵剂一般均采用冷冻干燥技术生产和真空复合金属膜包装。下面介绍丹麦汉森公司生产的几种干酪发酵剂。该公司的干酪发酵剂制品可分为：一般冷冻干燥发酵剂，每克含菌量在 2×10^{9} 个以上；另一类是采用培养、浓缩、冻干技术生产的浓缩发酵剂，每克含菌量在 5×10^{10} 个以上。汉森公司干酪发酵剂制品的特性和发酵剂的菌种组成分别见表8-6、表8-7。

表 8-6　丹麦汉森公司干酪发酵剂的特性

类别	品名（代号）	用途	培养温度/°C
BD	CH ~ NORMAL 01 CH ~ NORMAL 11	荷兰干酪	19 ~ 23
B	6　9　40　41 44　53　56　60 70　72　75　76 82　83　91　92　253	农家干酪、契达干酪等无孔或少孔的干酪	19 ~ 23
O	54　95　96　143 170　171　172　173 175　180　189　195 198　199	契达干酪、菲达干酪及非成熟干酪	19 ~ 23

表 8-7　丹麦汉森公司干酪发酵剂的菌种组成

菌　种	品　名			
	BD	B	O	酸乳
乳链球菌			2% ~ 5%	
乳脂链球菌			95% ~ 98%	
丁二酮乳链球菌	60% ~ 85%	90% ~ 95%	95% ~ 98%	
嗜柠檬酸明串珠菌	15% ~ 20%	<0.1%	<0.000 1%	
嗜热链球菌	8% ~ 30%	5% ~ 10%	<0.000 1%	50%
保加利亚杆菌				50%

三、干酪发酵剂的制备

（一）乳酸菌发酵剂的制备

通常乳酸菌发酵剂的制备分三个阶段，即分别制备乳酸菌纯培养物、母发酵剂和生产发酵剂。

1. 乳酸菌纯培养物

将保存的菌株或粉末发酵剂用牛乳复活培养时，在灭菌的试管中加入优质脱脂乳，添加适量石蕊溶液，经 120 °C、15 ~ 20 min 高压灭菌并冷却至接种适温，将乳酸菌株或粉末发酵剂接种在该培养基内，于 21 ~ 26 °C 条件下培养 16 ~ 19 h。当凝固并达到所需酸度后，在 0 ~ 5 °C 条件下保存。每 3 ~ 7 d 接种一次，以维持活力，也可以冻结保存。

2. 母发酵剂

制作母发酵剂时在灭菌的三角瓶中加 1/2 量的脱脂乳（或还原脱脂乳），经 120 °C、15 ~ 20 min 高压灭菌后，冷却至接种温度，按 0.5% ~ 1.0%的量接种菌种，21 ~ 23 °C 培养 12 ~ 16 h（酸度达 0.75% ~ 0.80%），在 0 ~ 5 °C 条件下保存备用。

3. 生产发酵剂

制作生产发酵剂时将脱脂乳经 95 °C，30 min 或 72 °C 以上 60 min 杀菌、冷却后，添加 0.5% ~ 1.0%的母发酵剂，培养 12 ~ 16 h（普通乳酸菌株 22 °C，高温性菌株 35 ~ 40 °C），当酸度达到 0.75% ~ 0.85%时冷却备用。

（二）霉菌发酵剂的制备

霉菌发酵剂的制备除使用的菌种及培养温度有差异外，基本方法与乳酸菌发酵剂的制备方法相似。将除去表皮后的面包切成小立方体，盛于三角瓶，加适量水并进行高压灭菌处理。此时如加少量乳酸增加酸度则更好。将霉菌悬浮于无菌水中，再喷洒于灭菌面包上。置于 21 ~ 25 °C 的恒温箱中经 8 ~ 12 d 培养，使霉菌孢子布满面包表面。从恒温箱中取出，约 30 °C 条件下干燥 10 d，或在室温下进行真空干燥，最后研成粉末，经筛选后，盛于容器中保存。

（三）影响发酵剂正常繁殖的因素

在发酵剂的制备过程中，除培养温度外，主要受下列因素影响：

1. 牛乳培养基

作为培养基用的原料乳成分及其含量对发酵剂的活力有一定的影响，应当选用优质的新鲜脱脂乳或脱脂乳粉的还原乳。乳腺炎乳中白细胞在 500 万个/mL 以上、乳中含有抑菌物质以及 pH 在 6.7 以上都会阻碍酸的生成或使产酸迟缓；酸败乳可抑制乳链球菌的繁殖，延缓酸的生成；含有抗生素的乳根据所含抗生素的种类、浓度、感受性对发酵剂有着不同程度的影响，如青霉素的含量在 0.1 IU/mL 以上时对菌种产生很强的抑制作用，在 0.05 IU/mL 以下时也会产生抑制；含有药物的乳或含有天然抑制物的乳都对菌种有不同程度的影响。

2. 乳酸菌的变异

由于长期的培养和连续发酵接种，以及其他因素的影响导致菌种的不良变异，以致菌的活力衰退。此时应及时更换，采用新的菌种。

3. 噬菌体对发酵剂的影响

当干酪发酵剂受到噬菌体污染后，会导致发酵的失败。加工乳和乳清中以及制备发酵剂的地方往往都存在噬菌体。因此，在制备发酵剂时必须加强卫生管理，严格按操作规则进行。关于噬菌体的杀灭，可以采用以下方法：

（1）加热破坏。耐热性低的噬菌体经 65 °C、5 min 加热即可破坏；耐热性强的噬菌体，需 75 °C、15 min 以上才能杀灭。因此，通常多采用 90 °C 持续 40 min 加热处理。

（2）消毒剂消毒。采用 50 ~ 500 mg/kg 的次氯酸盐处理，可以有效杀灭噬菌体。

（3）紫外线照射。可以破坏噬菌体，照射时间一般不少于 6 h。

（四）发酵剂的检查

将发酵剂制备后，要进行风味、组织、酸度和微生物学鉴定检查。风味应具有清洁的乳酸味，不得有异味，酸度以 0.75% ~ 0.85%为宜。活力试验时，将 10 g 脱脂乳粉用 90 mL 蒸馏水溶解，经 120 °C、10 min 加压灭菌，冷却后分注于 10 mL 试管中，加 0.3 mL 发酵剂，盖紧，于 38 °C 条件下培养 210 min。然后将培养液洗脱于烧杯中测定酸度。如酸度上升 0.4%，即视为活性良好。另外，将上述灭菌脱脂乳液 9 mL 分注于试管中，加 1 mL 发酵剂及 0.1 mL 0.005%的刃天青溶液后，于 37 °C 培养 30 min，每 5 min 观察刃天青褪色情况，全褪为淡桃红色为止。褪色时间在培养开始后 35 min 以内的为活性良好，50 ~ 60 min 者为正常活力。

四、干酪发酵剂制备的新技术

（一）浓缩发酵剂

发酵剂的常规制备方法比较复杂，而且容易造成噬菌体的污染，影响成品的质量。近年来，一种新的发酵剂制备方法——浓缩发酵剂制备技术正开始应用。由于严格的无菌操作以及省去了种子发酵剂、母发酵剂，甚至也省去了生产发酵剂的操作制备过程，从而防止了噬菌体和其他杂菌异物的污染，减少了复杂的操作手续，并且保证了发酵剂的质量和干酪生产的顺利进行。该项技术主要是将发酵剂接种在澄清的液体培养基中培养，发酵剂靠离心或采用超滤进行过滤等技术将发酵剂进行浓缩处理，再经深层冻结或冷冻干燥后，即可得到浓缩发酵剂制品。一般培养基的配方多采用乳清蛋白质的分解产物，添加蛋白胨和酵母浸膏等。在发酵过程中产生乳酸，当达到一定程度时就会影响乳酸菌的繁殖。一般菌数被限制在 10^9 cfu/mL 左右。因此，在浓缩发酵剂生产过程中，采取自动滴定的方法添加 NaOH 来保持发酵液的 pH。一般乳酸链球菌 pH 为 6.0 ~ 6.5，乳酸杆菌 pH 为 5.5，使发酵剂含菌量达 10^{10} cfu/mL。最后，经浓缩处理可达到 10^{11} cfu/mL。再经过深层冷冻或冻干处理即得到成品制剂。

（二）发酵剂的连续式制备技术

该技术主要是指从牛乳培养基的灭菌、冷却、接种、培养、冷藏以及向干酪槽中添加等过程均在严格的无菌条件下操作，并且采用连续式自动化处理法生产干酪发酵剂。

第三节 凝乳酶

凝乳酶在干酪生产中的最主要的作用是使牛乳凝固，除了某些新鲜干酪如农家干酪和夸克干酪主要靠乳酸作用而凝乳以外，几乎所有干酪的制作都是以凝乳酶凝乳为基础的。生产干酪所用的凝乳酶，一般以皱胃酶为主，如无皱胃酶时也可用胃蛋白酶代替。酶的添加量需根据酶的活力（也称效价）而定。由于动物性凝乳酶资源有限，再加上印度、以色列等国家由于宗教信仰，不能食用以动物性凝乳酶制成的干酪，人们对植物和微生物蛋白酶进行了大量研究，已找到多种新的可用于干酪生产的凝乳酶。随着 DNA 技术的发展和应用，性质与皱胃酶完全相同的 DNA 凝乳酶（由微生物发酵产生）将应用于干酪的生产。

一、皱胃酶

皱胃酶是从犊牛胃的第四室（皱胃）中提取的，是干酪制作最常用的凝乳酶，有液状、粉状及片状三种制剂。

（一）皱胃酶的性质

皱胃酶的等电点 pI 为 4.45 ~ 4.65，作用的最适 pH 为 4.8 左右，凝固的适温为 40 ~ 41 °C。皱胃酶在弱碱（pH 为 9）、强酸、热、超声波的作用下可失活。制造干酪时的凝固温度通常为 30 ~ 35 °C，时间为 20 ~ 40 min。如果加过量的皱胃酶、温度上升或延长时间，则凝块变硬；20 °C 以下或 50 °C 以上则皱胃酶活性减弱。动物血清中有阻碍皱胃酶作用的因子存在，其中马、猪的血清阻碍作用强，其阻碍物质存在于黏蛋白中。

与其他任何动物蛋白酶一样，皱胃酶也以其酶原、凝乳酶前体形式分泌，皱胃酶原可自动被激活，这是通过酸化到 pH 2 ~ 4，切除酶原 N 端的含 44 个氨基酸的肽实现的。

皱胃酶已在分子水平上得到了研究。该酶的结晶在19世纪60年代就已获得，是含约323个氨基酸残基的单链多肽，分子量为35 600。其一级结构已经建立，并已获得相当数量二级与三级结构的数据与信息。该分子中存在两个作用域，它们被一活性位点裂缝所分割开，这一活性位点中含有具催化活性的精氨酸基团 Asp_{32} 和 Asp_{215}。小牛皱胃酶含三种同工酶，主要是A和B，还有少量的C。皱胃酶A和B分别来自皱胃酶原，即皱胃酶的前体A和B,而皱胃酶C则是皱胃酶A的降解产物。皱胃酶A、B、C的活性分别为120 RU/mg、100 RU/mg、50 RU/mg。皱胃酶A与B的差异仅在于244位的氨基酸不同，分别为Asp和G1y，其最佳pH值分别为4.2和3.7。

（二）皱胃酶的制备

动物皱胃酶的制作通常采用l0%NaCl抽提胃组织，抽提液经活化、标准化后便制得皱胃酶。

1. 原料的制备

皱胃酶是从犊牛或羔羊的皱胃中分泌的。当幼畜接受了母乳以外的饲料时，就开始分泌胃蛋白酶。这两种酶的分离非常困难。另外，当接受饲料时，也会形成多脂肪的皱胃，使净化过程发生困难。因此，应尽可能选择出生后数周以内的犊牛皱胃。尤其是出生后两周以内皱胃酶的效力最强，喂料以后就不能应用。用于提取皱胃酶的幼畜，须在屠宰前10 h施行绝食，屠宰后立即取出皱胃，因皱胃的上半部分泌酶的数量较多，所以切取时上部应在胃的第三室的末端切取（图8-1），下部扎住胃的一端，将胃吹成球状，悬挂于背阴通风的地方使其干燥；或者将胃切开进行阴干。

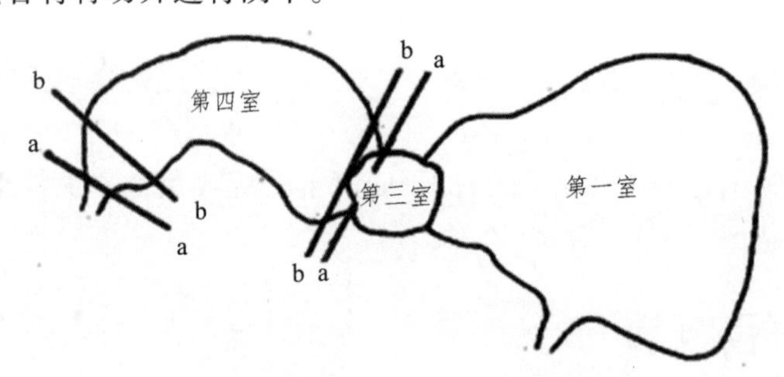

a－a：正确的切取线；b－b：不正确的切取线

图8-1　皱胃的切断部位图

2. 皱胃酶的浸出

将干燥的皱胃细切，用含4%～5% NaCl与10%～12%乙醇（防腐剂）的溶液浸提。将多次浸出液合在一起离心分离，除去残渣，加入5% 1mol/L的HCl，使黏稠物质沉淀分离后，再加入5%NaCl，使浸出液含盐量达10%。调整pH至5～6（防止皱胃酶变性）即为皱胃酶的液体制剂。

3. 皱胃酶的结晶

将皱胃酶的浸出液经透析和醋酸处理（pH 约 4.6）并离心后，将沉淀的粗酶反复经透析、酸化、离心 2 ~ 3 次后得到的精制品，在 0 ~ 4 °C 条件下经 2 ~ 3 d 即可形成微小针状结晶。将结晶溶于水，再经透析，除去酸、盐等物质，最后冷冻干燥成粉末状，即为可长期保存的皱胃酶的粉状制剂。

（三）皱胃酶的凝乳作用及其活力测定

1. 影响皱胃酶凝乳的因素

可分为对皱胃酶的影响和对乳凝固的影响。

（1）pH。在 pH 低的条件下，皱胃酶活性增高，并使酪蛋白胶束的稳定性降低，导致皱胃酶的作用时间缩短，凝块较硬。

（2）钙离子。钙离子不仅对凝乳有影响，而且也影响副酪蛋白的形成。酪蛋白所含的胶质磷酸钙是凝块形成所必需的成分。如果增加乳中的钙离子可缩短皱胃酶的凝乳时间，并使凝块变硬。

（3）温度。皱胃酶的凝乳作用在 40 ~ 42 °C 条件下最快，在 15 °C 以下或 65 °C 以上则不发生作用。温度不仅对副酪蛋白的形成有影响，更主要的是对副酪蛋白形成凝块过程的影响。

（4）牛乳的加热。牛乳若先加热至 42 °C 以上，再冷却到凝乳所需的正常温度后，添加皱胃酶，则凝乳时间延长，凝块变软，该现象被称为滞后现象，其主要原因是乳在 42 °C 以上加热处理时，其中的酪蛋白胶粒中磷酸盐和钙被游离出来所致。

2. 皱胃酶的活力及活力测定

皱胃酶的活力单位（Rennin Unit，RU）是指皱胃酶在 35 °C 条件下，使牛乳 40 min 凝固时，单位质量（通常为 1 g）皱胃酶能使若干倍牛乳凝固而言。即 1 g（或 1 mL）皱胃酶在一定温度（35 °C），一定时间（40 min）内所能凝固牛乳的体积（mL）。正常的小牛犊中每 1 mL 抽提液约含 60 ~ 70 酶活力单位。凝乳酶中 90%以上的牛乳凝结活力源于高品质的牛犊皱胃酶，其余活力则来自胃蛋白酶，随着小牛的不断成长，特别是喂食固体饲料后，凝乳酶的分泌降低而胃蛋白酶分泌增多。

一般的皱胃酶活力测定方法是：取 100 mL 原料乳于烧杯中，加热到 35 °C，然后加入 10 mL 1%的皱胃酶食盐水溶液，迅速搅拌均匀，并加入少许碳粒或纸屑为标记，准确记录开始加入酶溶液直到乳凝固时所需的时间（s），此时间也称皱胃酶的绝对强度。然后按下式计算活力。

$$活力=\frac{供试乳体积}{皱胃酶量}\times\frac{2\ 400(\mathrm{s})}{凝乳时间(\mathrm{s})}$$

式中 2 400 s 为测定凝乳酶活力时所规定的时间（40 min），活力确定以后，即可根据活力计算凝乳酶的用量。

例：今有原料乳 80 kg，用活力为 100 000 单位的皱胃酶进行凝固。问需加皱胃酶多少？

解：

$$1:100\,000 = x:80\,000$$

$$x = 0.8\ \text{g}$$

即 80 kg 原料乳需加皱胃酶 0.8 g。

此外，也可以根据测定活力时酶的绝对强度来计算酶的用量。

例：今有原料乳 80 kg，皱胃酶强度为 50 s，要求在 30 min 内凝固。试计算皱胃酶的需要量。

根据下式进行计算：

$$V_1 = \frac{V_2 \cdot P}{10 \times 60 \times t}$$

式中 V_1——皱胃酶溶液的需要量，L；

V_2——原料乳量，L；

P——皱胃酶的绝对强度，s；

t——希望乳凝固的时间，min；

10——测定强度时乳量对酶溶液量的比例。

解：代入上式中

$$V_1 = \frac{80 \times 50}{10 \times 60 \times 30} = 0.222\ \text{L}(222\ \text{mL})$$

二、其他凝乳酶

除皱胃酶外，很多蛋白酶也具有凝乳作用。由于皱胃酶来源于犊牛的皱胃，其成本高以及目前肉牛的生产实际等原因，开发、研制皱胃酶的代用酶越来越受到普遍的重视，并且很多代用凝乳酶已应用到干酪的生产中。代用酶按其来源可分为动物性凝乳酶、植物性凝乳酶、微生物凝乳酶及遗传工程凝乳酶等。

（一）动物性凝乳酶

动物性凝乳酶主要是胃蛋白酶。这种酶以前就已作为皱胃酶的代用酶而应用到了干酪的生产中，其性质在很多方面与皱胃酶相似。例如在凝乳张力及非蛋白氮的生成、酪蛋白的电泳变化等方面均与皱胃酶相似。但由于胃蛋白酶的蛋白分解力强，且以其制作的干酪成品略带苦味，如果单独使用，会使产品产生一定的缺陷。

在所有的动物胃蛋白酶中，鸡胃蛋白酶是最不适用的，它仅在以色列得到应用；牛胃蛋白酶稍好一些，许多商用的“小牛皱胃酶”中就含有 50%的牛胃蛋白酶。牛胃蛋白酶的蛋白降解专一性类似于小牛凝乳酶，且可以得到令人满意的干酪产率与质量；猪胃蛋白酶活性对 $pH > 6.6$ 非常敏感，且会在干酪制作中发生深度降解，而在干酪成熟中对蛋白降解贡献非常小。将猪胃蛋白酶和小牛皱胃酶以 1∶1 混合，可以得到较满意结果。试验表明猪的胃蛋白酶比牛的胃蛋白酶更接近皱胃酶，用它来制作契达干酪，其成品与皱胃酶制作的相同。但猪胃蛋白酶在市场上非常罕见。

（二）植物性凝乳酶

1. 无花果蛋白分解酶

此酶存在于无花果的乳汁中，可结晶分离。用无花果蛋白分解酶制作契达干酪时，凝乳与成熟效果较好，只是由于其蛋白分解力较强，脂肪损失多，收率低，略带轻微的苦味。

2. 木瓜蛋白分解酶

此酶是从木瓜中提取的木瓜蛋白分解酶，可以使牛乳凝固，其对牛乳的凝乳作用比蛋白分解力强。但制成的干酪带有一定的苦味。

3. 菠萝（凤梨）蛋白酶

此酶是从凤梨（*Anana Sativa*）的果实或叶中提取，具有凝乳作用。

（三）微生物凝乳酶

微生物凝乳酶有霉菌、细菌、担子菌三种来源。在生产中主要得到应用的是霉菌性凝乳酶，其主要代表是从微小毛霉菌（*Mucor pusillus*）中分离出的凝乳酶，其分子量 29 800，凝乳的最适温度为 56 °C，蛋白分解力比皱胃酶强，但比其他的蛋白分解酶的蛋白分解力弱，对牛乳凝固作用强。现日本、美国等将其制成粉末凝乳酶制剂而应用到干酪的生产中。另外，还有其他一些霉菌性凝乳酶在美国等国被广泛开发和利用，现已制出了一系列可以代替皱胃酶的凝乳酶制剂，在干酪生产中收到良好的效果。

微生物来源的凝乳酶生产干酪时的缺陷主要是在凝乳作用强的同时，蛋白分解力比皱胃酶高，干酪的收得率较皱胃酶生产的干酪低，且成熟后产生苦味。另外，微生物凝乳酶的耐热性高，给乳清的利用带来不便。

（四）DNA 凝乳酶

由于凝乳酶的使用量非常之大，全世界每年用量高达 2.5×10^7L，这引起了工业酶学家和生物工程专家的关注，同时由于皱胃酶的各种代用酶在干酪的实际生产中表现出某些缺陷，迫使人们利用新的技术和途径来寻求犊牛以外的皱胃酶来源。美国和日本等国利用遗传工程技术，将控制犊牛皱胃酶合成的 DNA 分离出来，导入微生物细胞内，利用微生物来合成皱胃酶获得成功，并得到美国食品及药物管理局（FDA）的认定和批准（1990 年 3 月）。美国 Pfizer 公司和 Gist Brocades 公司生产的生物合成皱胃酶制剂在美国、瑞士、英国、澳大利亚等国得到广泛推广应用。

目前市场上主要有三种 DNA 凝乳酶，分别是 Maxiren（由 *Kluyveromyces marxianus*

var.lactis 所分泌，荷兰生产）、Chymogen（黑曲霉，丹麦汉森生产）和 Chymax（大肠杆菌分泌，美国生产）。Maxiren 和 Chymogen 的基团分离自小牛皱胃酶，而 Chymax 的基因则是合成的。

第四节 天然干酪一般加工工艺

各种天然干酪的生产工艺基本相同，只是在个别工艺环节上有所差异。下面介绍半硬质和硬质干酪生产的基本工艺。

一、工艺流程

半硬质干酪和硬质干酪的生产工艺流程见图 8-2。

原料乳→验收→净化→标准化→杀菌→冷却→添加发酵剂→调整酸度→加氯化钙→加色素→加凝乳酶→凝块切割→搅拌→加温→乳清排出→成型压榨→盐渍→成熟→上色挂蜡→成品

图 8-2 半硬质干酪和硬质干酪的生产工艺流程

二、工艺要求

（一）原料乳的要求

生产干酪的原料乳，必须经过严格的检验，要求乳中的抗生素残留检验阴性等。除牛乳外也可使用羊乳。

（二）原料乳的贮存

生产干酪的鲜乳挤出后应尽快用于生产，否则即使在 4 °C 条件下贮存 1 ~ 2 d，制作的干酪质量也会波动。主要原因有两个：

（1）在冷贮过程中，乳中的蛋白质和盐类特性发生变化，从而对干酪生产特性产生破坏。有资料证实，在 5 °C 经 24 h 贮存后，会出现约 25%的钙以磷酸盐的形式沉淀下来。当乳经巴氏杀菌时，钙重新溶解而乳的凝固特性也基本全部恢复。在贮存中，β-酪蛋白也会离开酪蛋白胶束，从而进一步使干酪生产性能下降。但经巴氏杀菌后这一下降也差不多能完全恢复。

（2）由于贮存时可能污染，微生物菌丛进入牛乳中，尤其是假单胞菌属，其所生成的酶——蛋白质水解酶和脂肪酶在低温下能分别使蛋白质和脂肪降解。这一反应的结果是在低温贮存时，脱离酪蛋白胶束的β-酪蛋白被降解而释放出苦味。

因此，如果牛乳已经过了 1 ~ 2 d 的贮存且到达乳品厂后 12 h 内仍不能进行加工处理时，最好采用预杀菌的方法。

预杀菌是指缓和的热处理，即 65 °C、15 s 加热，随后冷却至 4 °C。经处理后，牛乳呈磷酸酶阳性。预杀菌的目的是抑制乳中嗜冷菌的生长。预杀菌后乳可在 4 °C 条件下继续贮存 12 ~ 48 h。

（三）原料乳的净化

在干酪生产中，原料乳净化的目的有两个：一是除去生乳中的机械杂质以及黏附在这些机械杂质上的细菌；二是除去生乳中的一部分细菌，特别是对干酪质量影响较大的芽孢杆菌。采用网袋和普通净乳机可除去乳中的机械杂质，除去芽孢杆菌通常采用离心除菌技术或微滤除菌技术。

离心除菌技术是指应用一种专门设计的高速密封离心机（离心除菌机），分离除去乳中细菌，特别是芽孢杆菌的技术。其原理是由于芽孢杆菌的相对密度较生乳大，利用离心力的作用使芽孢杆菌富集而分离。现已证明，离心除菌技术是降低生乳中芽孢杆菌数量的一种十分有效的手段，目前被广泛应用于干酪制造。

离心除菌机有单相和两相两种类型。通常离心除菌时的选用温度与离心分离时相同，一般为 55 ~ 65 °C。

1. 两相离心除菌机

在顶部有两个出口：一个是通过特殊的顶钵片上部连续排出细菌浓缩液（含菌液），另一个是用于细菌已减少的液相。如图 8-3。

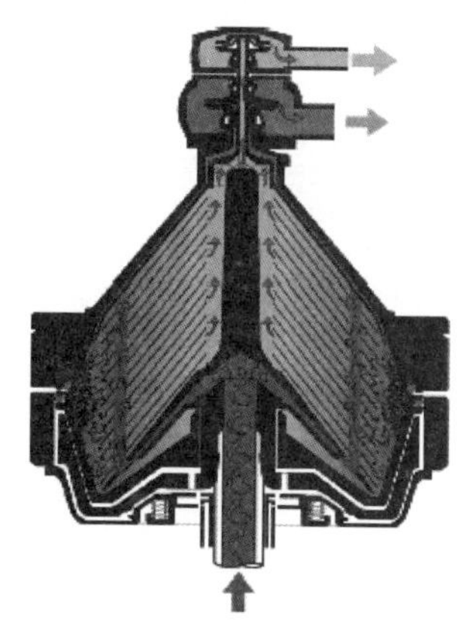

图 8-3　两相离心除菌机的钵体

2. 单相离心除菌机

在钵的顶部只有一个出口，用于排出细菌已减少的牛乳。除掉的菌被收集在钵体污泥空间的污泥中，并按预定的间隔定时排出。如图 8-4。

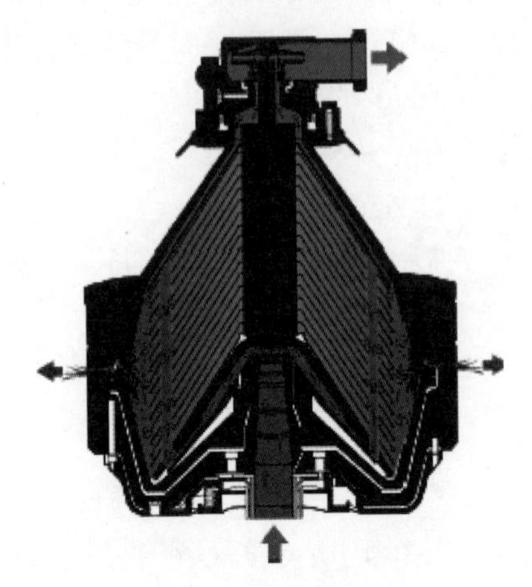

图 8-4　单相离心除菌机的钵体

也可用孔径为 0.2 μm 的滤膜除去水溶液中的细菌，但将生乳进行微滤处理时，由于脂肪球以及蛋白质颗粒大小接近细菌，甚至超过细菌，因此选用如此小孔径的膜微滤处理时会堵塞滤膜。因此，在微滤处理生乳时，通常先将脱脂乳通过孔径为 0.8 ~ 1.4 μm 的滤膜，由于蛋白质分子在膜表面会形成一层膜，有助于阻碍微生物的通过。同时将稀奶油进行灭菌处理后，按标准化要求加入已过滤处理的脱脂乳中。

（四）原料乳的标准化

1. 标准化的目的

原料乳标准化的目的是使每批干酪的组成一致，成品符合销售的统一标准，质量均匀，缩小偏差。

2. 标准化时的注意事项

（1）正确称量原料乳的数量；
（2）正确检验脂肪含量；
（3）测定或计算酪蛋白含量；
（4）每槽分别测定含脂率；
（5）确定脂肪/酪蛋白的比例，然后计算需加入的脱脂乳（或除去稀奶油）的量。

3. 标准化的方法

（1）测定脂肪。
（2）根据下式或查表 8-8 计算酪蛋白的含量：
① 酪蛋白含量 = 0.4 m_F + 0.9%或酪蛋白含量 =（m_F − 3）× 0.4 + 2.1%
② 确定：$\frac{m_C}{m_F} = 0.70$

式中：m_F——脂肪质量，kg；m_C——酪蛋白质量，kg。

例：今有原料乳 10 000 kg，含脂率为 4%，酪蛋白含量为 2.5%，用含酪蛋白 2.6%、脂肪 0.01%的脱脂乳进行标准化，使 $m_C/m_F=0.70$，计算所需脱脂乳量。

解：① $10\ 000\times0.04=400$（kg）　全乳中的脂肪量

$10\ 000\times0.025=250$（kg）　全乳中的酪蛋白量

② m（必要的酪蛋白质量）。

因为 $m_C/m_F=0.70$；所以 $m=400\times0.70=280$（kg）

③ 280 − 250=30（kg）　　（不足的酪蛋白量）

④ 30/0.026 = 1 154（kg）　　（所需脱脂乳量）

即全乳 10 000kg 中加 1 154 kg 脱脂乳后，m_C/m_F 即可达到 0.70。

表 8-8　常乳中脂肪与酪蛋白的关系

脂肪含量/%	酪蛋白含量/%	m_C/m_F
3.0	2.10	0.70
3.2	2.18	0.681
3.4	2.26	0.665
3.6	2.34	0.650
3.8	2.42	0.637
4.0	2.50	0.625
4.2	2.58	0.614
4.4	2.66	0.605
4.6	2.74	0.596
4.8	2.82	0.588
5.0	2.90	0.580

原料乳的标准化，可在罐中将脱脂乳与全脂乳混合来实现，也可以通过分离机之后在管线上混合完成。

（五）杀菌处理

从理论上讲，生产不经成熟的新鲜干酪时必须将原料乳杀菌，而生产经 1 个月以上时间成熟的干酪时，原料乳可不杀菌。但实际生产时，一般都将杀菌作为干酪生产工艺中的一道必要的工序。

杀菌的目的是消灭原料乳中的致病菌和有害菌并破坏有害酶类，使干酪质量稳定。杀菌的作用为：① 消灭有害菌和致病菌，卫生上保证安全并可防止异常发酵；② 干酪质量均匀一致；③ 增加干酪保存性；④ 由于加热杀菌，使白蛋白凝固，因此也包含在干酪中，可以增加干酪的产量。

杀菌温度的高低，直接影响产品质量。如果温度过高，时间过长，则受热变性的蛋白质增多，用凝乳酶凝固时，凝块松软，且收缩作用变弱，往往形成水分过多的干酪。故杀菌方法多采用 63 °C、30 min 的保温杀菌，或 72 ~ 73 °C、15 s 的高温短时间杀菌（HTST）。但需要注意的是，用于生产埃门塔尔、珀尔梅散和 Grana 等一些超硬质干酪的原料乳的杀菌温度不能超过 40 °C，以避免影响滋味、香味和乳清析出。用于这些干酪的原料乳通常取自特定的乳牛场，乳牛场对牛群要定期进行检查。

在高温短时间杀菌下，大部分有害菌被杀死，但芽孢菌难以被杀灭，从而对干酪成熟过程造成危害。如丁酸梭状芽孢杆菌能发酵乳酸产生丁酸和大量氢气，严重破坏干酪的质地结构并形成不良风味。为防止这类现象的发生，传统方法是加入能抑制耐热性芽孢菌生长的化学防腐剂，最常用的是硝酸钠或硝酸钾。生产埃门塔尔干酪时加入过氧化氢。但化学防腐剂的使用正越来越受到限制，有些国家已明文禁止在干酪中使用。因此，许多生产厂正在采用离心除菌技术和微滤技术来降低芽孢菌的危害。

（六）添加发酵剂和预酸化

原料乳经杀菌后，直接输入干酪槽（Cheese Vat）中。干酪槽（图 8-5）为水平卧式长椭圆形不锈钢槽，且有夹层（加热或冷却）及搅拌器（手工操作时为干酪铲和干酪耙）。将干酪槽中的牛乳冷却到 30 ~ 32 °C，然后按操作要求加入发酵剂。

首先应根据制品的质量和特征，选择合适的发酵剂种类和组成。取原料乳量的 1% ~ 2%制好的工作发酵剂，边搅拌边加入，充分搅拌 3 ~ 5 min。为了促进凝固和正常成熟，加入发酵剂后应进行短时间的发酵，以保证充足的乳酸菌数量，此过程称为预酸化。约经 10 ~ 15 min 的预酸化后，取样测定酸度。

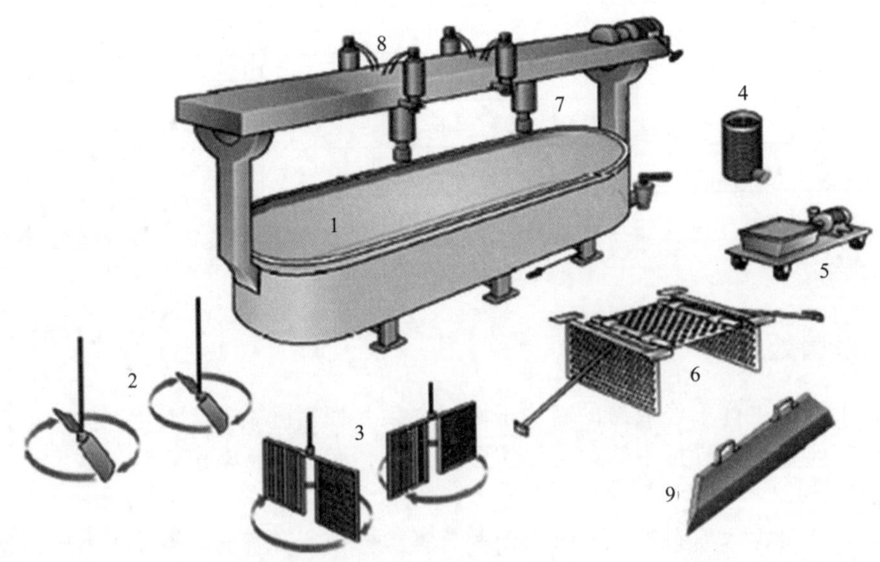

1—带有横梁和驱动电机的夹层干酪槽；2—搅拌工具；3—切割工具；4—置于出口处过滤器干酪槽内侧的过滤器；5—带有一个浅容器小车上的乳清泵；6—用于圆孔干酪生产的预压板；7—工具支撑架；8—用于预压设备的液压筒；9—干酪切刀

图 8-5　带有干酪生产用具的普通干酪槽

（七）加入添加剂与调整酸度

除了发酵剂之外，根据干酪品种和生产条件的需要，还可添加氯化钙、色素、防腐性盐类等添加剂，使凝乳硬度适宜，色泽一致，并减少有害微生物的危害。

1. 氯化钙

如果原料乳的凝乳性能较差，形成的凝块松软，则切割后碎粒较多，酪蛋白和脂肪的损失大，同时排乳清困难，干酪质量难以保证。为了保持正常的凝乳时间和凝块硬度，可在每 100 kg 乳中加入 5 ~ 20 g 氯化钙，以改善凝乳性能。但应注意的是，过量的氯化钙会使凝块太硬，难于切割。

2. 色　素

干酪的颜色取决于原料乳中的脂肪色泽。但脂肪色泽受季节和饲料的影响，使产品颜色不一，可加胡萝卜素或安那妥（胭脂红）等色素使干酪的色泽不受季节影响。色素的添加量随季节或市场需要而定。采用安那妥的碳酸钠抽提液时，其添加量通常为每 1 000 kg 原料乳中加 30 ~ 60 g 浸出液。在青纹干酪生产中，有时添加叶绿素来反衬霉菌产生的青绿色条纹。

3. 硝酸盐

原料乳中如有丁酸菌或产气菌时，会产生异常发酵，可以用硝酸盐（硝酸钠或硝酸钾）来抑制这些细菌。但其用量需根据牛乳的成分和生产工艺精确计算，因过多的硝酸盐能抑制发酵剂中细菌的生长，影响干酪的成熟；也容易使干酪变色，产生红色条纹和一种不纯的味道。通常硝酸盐的添加量每 100 kg 原料乳中不超过 30 g。

除了化学防腐剂以外，使用一些生物制剂如溶菌酶，也能起到抑制梭状芽孢杆菌的效果。

在应用离心除菌技术或微滤除菌的干酪厂中，可不加或少加硝酸盐。

4. 调整酸度

添加发酵剂并经 30 ~ 60 min 发酵后，酸度为 0.18% ~ 0.22%，但该乳酸发酵酸度很难控制。为使干酪成品质量一致，可用 1 mol/L 的 HCl 调整酸度，一般调整酸度至 0.21%左右。具体的酸度值应根据干酪的品种而定。

（八）添加凝乳酶和凝乳的形成

在干酪的生产中，添加凝乳酶形成凝乳是一个重要的工艺环节。

1. 凝乳酶的添加

通常按凝乳酶活力和原料乳的量计算凝乳酶的用量。用 1%的食盐水将酶配成 2%溶液，并在 28 ~ 32 °C 下保温 30 min，然后加入乳中，充分搅拌均匀（2 ~ 3 min）后加盖。

活力为 1∶10 000 到 1∶15 000 的液体凝乳酶的剂量在每 100 kg 乳中可用到 30 mL，为了便于分散，凝乳酶至少要用双倍的水进行稀释。加入凝乳酶后，小心搅拌牛乳不超过 2 ~ 3 min。在随后的 8 ~ 10 min 内乳静止下来是很重要的，这样可以避免影响凝乳过程和酪蛋白损失。

为进一步便于凝乳酶分散，可使用自动计量系统，将经水稀释凝乳酶通过分散喷嘴而喷洒在牛乳表面。这个系统最初应用于大型密封（10 000 ~ 20 000 L）的干酪槽或干酪罐。

2. 凝乳的形成

添加凝乳酶后，在 32 °C 条件下静置 30 min 左右，即可使乳凝固，达到凝乳的要求。

（九）凝块切割

典型的凝乳或凝固时间大约是 30 min。当乳凝块达到适当硬度时，要进行切割以有利于乳清排出。正确判断恰当的切割时机非常重要，如果在尚未充分凝固时进行切割，酪蛋白或脂肪损失大，且生成柔软的干酪；反之，切割时间迟，凝乳变硬不易脱水。切割时机由下列方法判定：用消毒过的温度计以 45°插入凝块中，挑开凝块，如裂口恰如锐刀切痕，并呈现透明乳清，即可开始切割。

切割把凝块柔和地分裂成 3 ~ 15 mm 大小的颗粒，其大小决定于干酪的类型。切块越小，最终干酪中的水分含量越低。

（十）凝块的搅拌及加温

凝块切割后若乳清酸度达到 0.17% ~ 0.18%时，开始用干酪耙或干酪搅拌器轻轻搅拌。此时凝块较脆弱，应防止将凝块碰碎。经过 15 min 后，搅拌速度可稍微加快。与此同时，在干酪槽的夹层中通入热水，使温度逐渐升高。升温的速度应严格控制，开始时每 3 ~ 5 min 升高 1 °C，当温度升至 35 °C 时，则每隔 3 min 升高 1 °C。当温度达到 38 ~ 42 °C（应根据干酪的具体品种确定终止温度）时，停止加热并维持此时的温度。在整个升温过程中应不停地搅拌，以促进凝块的收缩和乳清的渗出，防止凝块沉淀和相互粘连。在升温过程中应不断地测定乳清的酸度以便控制升温和搅拌的速度。总之，升温和搅拌是干酪制作工艺中的重要过程。它关系到生产的成败和成品质量的好坏，因此，必须按工艺要求严格控制和操作。

在现代化的密封水平干酪罐中（图 8-6），搅拌和切割由焊在一个水平轴上的工具来完成。水平轴由一个带有频率转换器的装置驱动。这个具有双重用途的工具是搅拌还是切割取决于其转动方向。凝块被剃刀般锋利的辐射状不锈钢刀切割，不锈钢刀背呈圆形，给凝块以轻柔而有效的搅拌。

另外，干酪槽可安装自动操作的乳清过滤网、能良好分散凝固剂（凝乳酶）的喷嘴以及能与 CIP（就地清洗）系统连接的喷嘴。

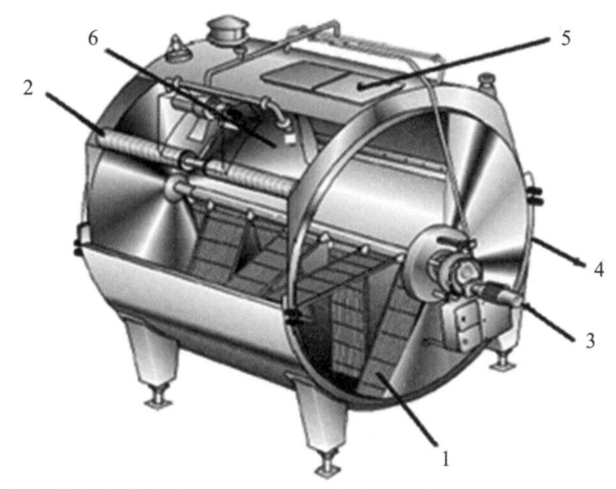

1—切割与搅拌相结合的工具；2—乳清排放的滤网；3—频控驱动电机；
4—加热夹套；5—入孔；6—CIP 喷嘴

图 8-6　带有搅拌和切割工具以及升降乳清排放系统的水密闭式干酪罐

（十一）乳清排放

乳清排放是指将乳清与凝乳颗粒分离的过程。乳清排放的时机可通过所需酸度或凝乳颗粒的硬度来掌握。一般在搅拌升温的后期，乳清酸度达 0.17% ~ 0.18%时，凝块收缩至原来的一半（豆粒大小），用手捏干酪粒感觉有适度弹性或用手握一把干酪粒，用力压出水分后放开，如果干酪粒富有弹性，搓开仍能重新分散时，即可排除全部乳清。

排乳清有多种方式，不同的排乳清方式得到的干酪的组织结构不同。常用的排乳清方式有捞出式、吊袋式和堆积式三大类。

1. 捞出式

捞出式是指用滤框等工具将凝乳颗粒从乳清中捞出来，倒入带孔的模子中，来完成排乳清的一种方式，卡门培尔和青纹干酪就是采用这种方式来排乳清的。捞出装模后，凝乳颗粒因接触空气而不能完全融合，压榨成型后，干酪内部会形成不规则的细小空隙。在成熟过程中，乳酸菌产生的二氧化碳进入孔隙，并使孔隙进一步扩大，最终形成这类干酪所特有的不规则多孔结构，也称为粒纹质地，如图 8-7。

2. 吊袋式

吊袋式是指用粗布将凝乳颗粒和乳清全部包住后，吊出干酪槽，使乳清滤出的方式。采用这种排乳清方式生产的干酪有瑞士干酪、埃门塔尔干酪等。由于凝乳颗粒在乳清中聚集成块，未与空气接触，因此其内部的孔隙中充满了乳清。在这些孔隙中的乳清，乳酸菌继续生长繁殖，产生二氧化碳，形成小孔。由于二氧化碳的扩散，无数的小孔汇集成数个较大的孔洞，最终形成这类干酪所特有的圆孔结构，如图 8-8。

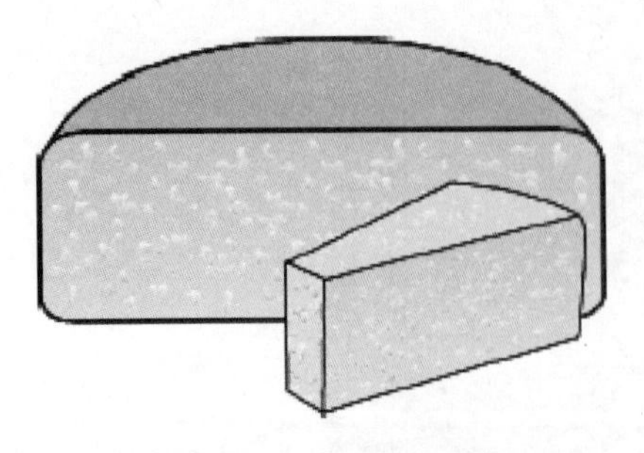

图 8-7　粒纹质地的干酪

图 8-8　圆孔干酪

除了吊袋以外，也可在排乳清之前将凝乳颗粒堆积在一个用带孔不锈钢板临时搭建的框中，并施加一定压力，使凝乳粒在乳清液面下聚集成形，再将乳清排放掉。采用这种方式的机理与吊袋式相同，最终也能得到所需的圆孔结构。

3. 堆积式

堆积式是指将乳清通过滤筛从干酪槽中排出后，将凝乳颗粒在热的干酪槽中堆放一定时间，以排掉内部孔隙中的乳清的方式。采用这种方式的最典型品种是契达干酪，其最终组织结构均匀光滑，即使有孔，数量也很少，而且是内壁粗糙的机械孔。这种结构称为致密结构，如图 8-9。

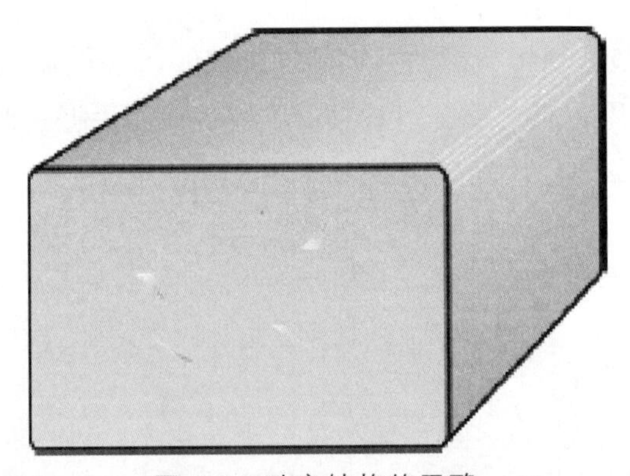

图 8-9　致密结构的干酪

（十二）压榨成型

压榨是指对装在模中的凝乳颗粒施加一定的压力。压榨可进一步排掉乳清，使凝乳颗粒成块，并形成一定的形状，同时表面变硬。压榨可利用干酪自身的重量来完成，也可使用专门的干酪压榨机来进行。为保证干酪质量的一致性，压力、时间、温度和酸度等压榨参数在生产每一批干酪的过程中都必须保持恒定。压榨所用干酪模必须是多孔的，以便使乳清能够流出。

压榨的程度和压力依干酪的类型进行调整。在压榨初始阶段要逐渐加压，因为初始高压压紧的外表面会使水分封闭在干酪体内。应用的压力应以每单位面积而非每个干酪来计算。因为每一单个的干酪的大小可能是变化的。小批量干酪生产可使用手动操作的垂直或水平压榨，气力或水力压榨系统可使所需压力的调节简化，图 8-10 所示为垂直压榨器。一个更新式的解决方法是在压榨系统上配置计时器，用信号提醒操作人员按预定加压程序改变压力。

图 8-10　带有气动操作压榨平台的垂直压榨器

（十三）加　盐

1. 加盐的目的

加盐是为了改善干酪的风味、组织和外观，排出内部乳清或水分，增加干酪硬度，限制乳酸菌的活力，调节乳酸生成和干酪的成熟，防止和抑制杂菌的繁殖。

一般情况下，干酪中加盐量为 0.5% ~ 2%。但一些霉菌成熟的干酪如蓝霉干酪或白霉干酪的一些类型（Feta. domiati 等）通常含盐量在 3% ~ 7%。

加盐引起的副酪蛋白上的钠和钙交换也给干酪的组织带来良好影响，使其变得更加光滑。一般来说，在乳中不含有任何抗菌物质的情况下，在添加原始发酵剂大约 5 ~ 6 h，pH 在 5.3 ~ 5.6 时在凝块中加盐。

2. 加盐的方法

（1）干盐法。在定型压榨前，将所需的食盐撒布在干酪粒中或者将食盐涂布于生干酪表面（如 camembert）。加干盐可通过手工或机械进行，将干盐从料斗或类似容器中定量（称量），尽可能地手工均匀撒在已彻底排放了乳清的凝块上。为了充分分散，凝块需进行 5 ~ 10 min 搅拌。机械撒盐的方法很多，一种形式与契达干酪加盐相同，即酪条连续在通过契达机的最终段上，在其表面上加定量的盐。另一种加盐系统用于帕斯塔-费拉塔干酪（Mozzarella）的生产，如图 8-11 所示。干盐加入器装于热煮压延机和装模机之间。经过这样处理，一般 8 h 的盐化时间可减少到 2 h 左右，同时盐化所需的地面面积变小。

（2）湿盐法。将压榨后的生干酪浸于盐水池中腌制，盐水浓度第 1 ~ 2 d 为 17% ~ 18%，以后保持 20% ~ 23%的浓度。为了防止干酪内部产生气体，盐水温度应控制在 8 °C 左右，浸盐时间 4 ~ 6 d（如 Edam，Gouda）。

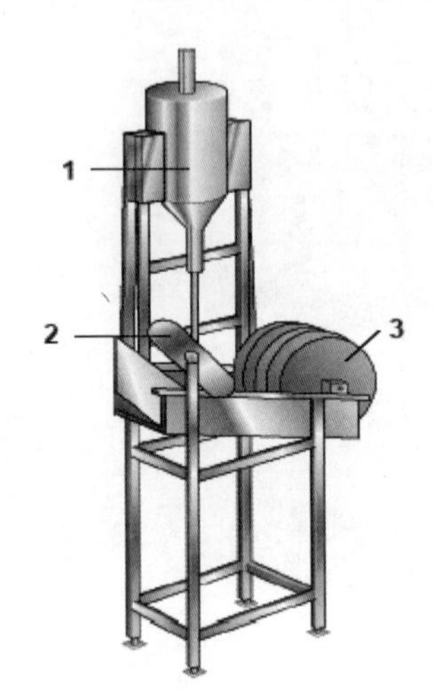

1—盐容器；2—用于干酪的熔融的液位控制；3—槽轮

图 8-11　用于帕斯塔-费拉塔类干酪的干盐机

盐渍系统有很多种，从相当简单到技术非常先进的都有。

① 最常用的系统：将干酪放置在盐水容器中，容器应置于约 4 ~ 12 °C 的冷却间，图 8-12 所示为一实际的手工控制系统。

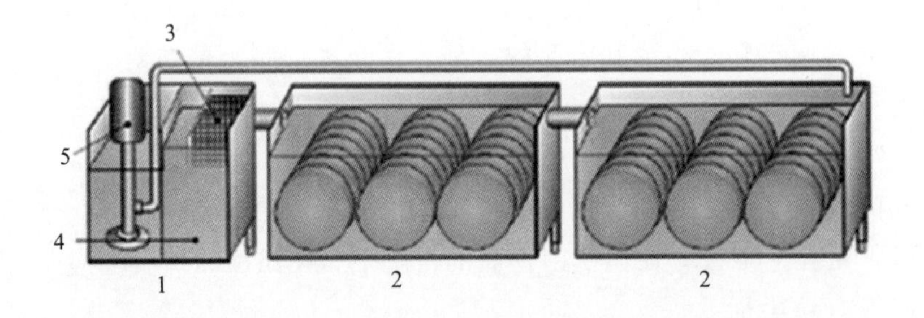

1—盐溶解容器；2—盐水容器；3—过滤器；4—盐溶解；5—盐水循环泵

图 8-12　带有容器和盐水循环设备的盐渍系统

② 表面盐化：在盐化系统中，干酪被悬浮在容器内进行表面盐化，为保证表面润湿，干酪浸在盐液液面之下，容器中的圆辊保持干酪之间的间距，这一浸湿过程可以程序化，图 8-13 所示为盐化系统的原理。

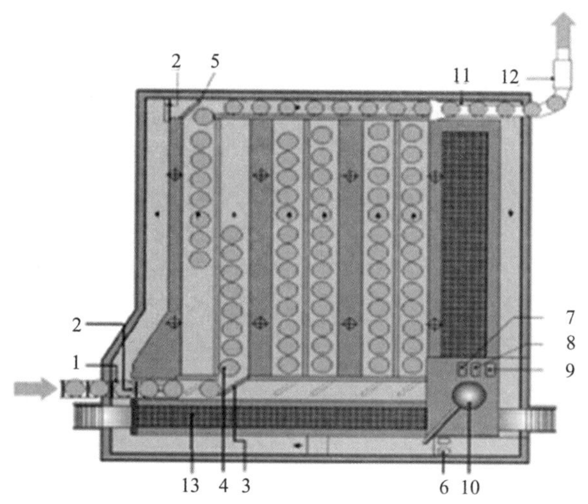

1—带有可调板的入口传送装置；2—可调隔板；3—带调节隔板和引导门的入口；4—表面盐化部分；5—出口门；6—带滤网的两个搅拌器；7—用泵控制盐液位；8—泵；9—板式热交换器；10—自动计量盐装置（包括盐浓度测定）；11—带有沟槽的出料输送带；12—盐液抽真空装置；13—操作区

图 8-13　浅浸盐化系统

③ 深浸盐化：带有可绞起箱笼的深浸盐化系统也是基于同样的原理。笼箱大小可以按生产量设计，每一个笼箱占一个浸槽，槽深 2.5 ~ 3 m。为获得一致的盐化时间（先进先出），当盐浸时间过半时，满载在笼箱中的干酪要倒入到另一个空的笼箱中继续盐化，否则就会出现所谓先进后出的现象。在盐化时间上，先装笼的干酪和最后装笼的干酪要相差几个小时，因此，深浸盐化系统总要多设计出一个盐水槽以供空笼使用。图 8-14 所示为一个深浸系统的笼箱。

另一种深浸盐化系统使用格架，格架能装入由一个干酪槽生产的全部干酪，所有操作过程可以全部自动化进行：装入格架、沉入盐液、从盐水槽中绞起，并导入卸料处等。格架盐化系统的原理如图 8-15。

图 8-14　深浸盐化系统

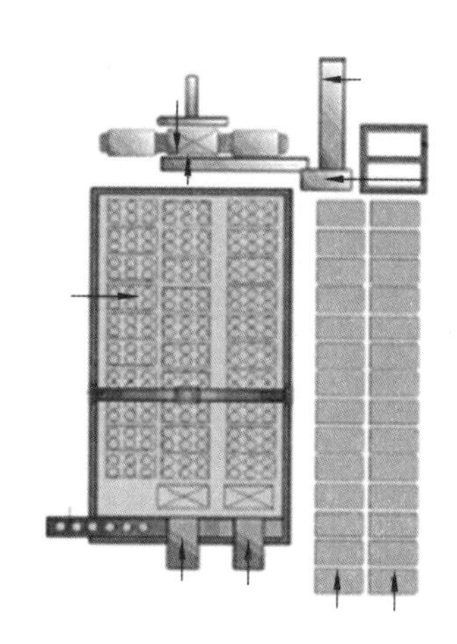

图 8-15　格架盐化系统

（3）混合法：混合法是指在定型压榨后先涂布食盐，过一段时间后再浸入食盐水中的方法（如 Swiss. Brick）。

（十四）干酪的成熟与贮存

1. 干酪的成熟

将生鲜干酪置于一定温度（10 ~ 12 °C）和湿度（相对湿度 85% ~ 90%）条件下，经一定时期（3 ~ 6 个月），在乳酸菌等有益微生物和凝乳酶的作用下，使干酪发生一系列的物理和生物化学变化的过程，称为干酪的成熟。成熟的主要目的是改善干酪的组织状态和营养价值，增加干酪的特有风味。干酪的成熟时间应按成熟度进行确定，一般为 3 ~ 6 个月。

（1）成熟的条件。干酪的成熟通常在成熟库内进行。成熟时低温比高温效果好，一般为 5 ~ 15 °C。相对湿度，一般细菌成熟硬质和半硬质干酪为 85% ~ 90%，而软质干酪及霉菌成熟干酪为 95%。当相对湿度一定时，硬质干酪在 7 °C 条件下需 8 个月以上的成熟，在 10 °C 时需 6 个月以上，而在 15 °C 时则需 4 个月左右。软质干酪或霉菌成熟干酪需 20 ~ 30 d。

（2）成熟的过程。

① 前期成熟：将待成熟的新鲜干酪放入温度、湿度适宜的成熟库中，每天用洁净的棉布擦拭其表面，防止霉菌的繁殖。为了使表面的水分蒸发得均匀，擦拭后要反转放置。此过程一般要持续 15 ~ 20 d。

② 上色挂蜡：为了防止霉菌生长和增加美观，将前期成熟后的干酪清洗干净后，用食用色素染成红色（也有不染色的）。待色素完全干燥后，在 160 °C 的石蜡中进行挂蜡。为了食用方便和防止形成干酪皮（Rind），现多采用塑料真空及热缩密封。

③ 后期成熟和贮藏：为了使干酪完全成熟，以形成良好的口感、风味，还要将挂蜡后的干酪放在成熟库中继续成熟 2 ~ 6 个月。成品干酪应放在 5 °C 及相对湿度 80% ~ 90%条件下贮藏。

（3）成熟过程中的变化。

① 水分的减少：成熟期间干酪的水分有不同程度的蒸发而使质量减轻。

② 乳糖的变化：生干酪中含 1% ~ 2%的乳糖，其大部分在 48 h 内被分解，在成熟后两周内消失。所形成的乳酸则变成丙酸或乙酸等挥发酸。

③ 蛋白质的分解：蛋白质分解在干酪的成熟中是最重要的变化过程，且十分复杂。凝乳时形成的不溶性副酪蛋白在凝乳酶和乳酸菌的蛋白水解酶作用下形成小分子的胨、多肽、氨基酸等可溶性的含氮物。成熟期间蛋白质的变化程度常以总蛋白质中所含水溶性蛋白质和氨基酸的量为指标。水溶性氮与总氮的百分比被称为干酪的成熟度。一般硬质干酪的成熟度约为 30%，软质干酪则为 60%。

④ 脂肪的分解：在成熟过程中，部分乳脂肪被解脂酶分解产生多种水溶性挥发脂肪酸

及其他高级挥发性酸等，这与干酪风味的形成有密切关系。

⑤ 气体的产生：在微生物的作用下，使干酪中产生各种气体。尤为重要的是有的干酪品种在丙酸菌作用下所生成的 CO_2，使干酪形成带孔眼的特殊组织结构。

⑥ 风味物质的形成：成熟中所形成的各种氨基酸及多种水溶性挥发脂肪酸是干酪风味物质的主体。

（4）影响成熟的因素。

① 成熟期：干酪的成熟度与成熟期的长短密切相关。随着成熟期的延长，水溶性含氮物增加。

② 温度：在其他条件相同时，水溶性含氮物的增加与温度成正比。但温度升高程度必须在工艺允许的范围内。

③ 水分：水分含量增多时，成熟度增加。

④ 质量：在同一条件下，质量大的干酪成熟度好。

⑤ 食盐：食盐多的干酪成熟较慢。

⑥ 凝乳酶量：在同一条件下，酶量多者，成熟较快。

2. 干酪的贮存

（1）贮存的目的：创造一个尽可能控制干酪成熟循环的外部环境。对于每一类型的干酪，特定的温度和相对湿度组合在成熟的不同阶段，必须在不同贮室中加以保持。图 8-16 是使用排架的干酪贮存室。

图 8-16 使用排架的干酪贮存室

（2）贮存条件：在贮存室中，不同类型的干酪要求不同的温度和相对湿度。环境条件对成熟的速度、重量损失、硬皮形成和表面菌丛等至关重要。

① 契达类干酪通常在低温下成熟，条件为 4 ~ 8 °C，相对湿度低于 80%。这些干酪在被送去贮存前，通常被包在塑料膜或袋中，再装于纸盒或木盒中。成熟时间变化很大，可以从几个月到 8 ~ 10 个月不等，以满足不同消费者需求。

② 其他类型的干酪，如埃门塔尔，需要贮存在干酪室中，室温 8 ~ 12 °C，经 3 ~ 4 周后贮存在“发酵”室，室温 22 ~ 25 °C，经 6 ~ 7 周，贮存室相对湿度通常为 80% ~ 90%。

③ 表面黏液类型干酪，如 Tilsiter，Havarti 和其他的类型，典型地贮存于发酵室约 2 周，室温 14～16 °C，相对湿度约为 90%，在此期间，表面用特殊混有盐液的发酵剂黏化处理。一旦形成一层合乎要求的黏化表面，干酪即被送入发酵室。在 10～12 °C 和相对湿度为 90% 条件下进一步发酵 2～3 周。最后，黏化表面被洗去后，干酪被包装于铝箔中，送入冷藏室贮存于 6～10 °C，相对湿度为 70%～75%条件下直至售出。

④ 其他硬质和半硬质干酪，如哥达和类似的品种，可首先在干酪室中于 10～12 °C，相对湿度为 75% 的条件下贮存两周。随后在 12～18 °C，相对湿度为 75%～80%的条件下发酵 3～4 周。最终干酪送入 10～12 °C，相对湿度约 75%的贮存室中。在此，干酪形成最终特有品质。

三、干酪的理论产率

从一定量的原料乳中制得的干酪成品的量称为干酪的产率。对于干酪制造厂家来说，干酪产率是一个十分重要的指标。

影响干酪产率的主要因素有三个，即原料乳的组成、最终干酪的水分含量和干酪制作过程中脂肪和酪蛋白的回收率。原料乳中不溶性成分脂肪、酪蛋白和一些盐类几乎完全转变成为干酪的固形物，尽管有少量的脂肪和酪蛋白会流失在乳清中。另一方面，乳中水溶性成分乳糖、乳白蛋白、乳球蛋白、某些盐类几乎全部随乳清排出，从而对干酪产率造成了很大影响。

干酪产率与最终产品的水分含量直接相关，水分含量高，干酪产率高；水分含量低，则干酪产率也低。表 8-9 说明水分含量变化对契达干酪产率的影响。

表 8-9　以含脂率为 3.5%的牛乳制成的契达干酪水分对产率的影响

成品水分/%	干酪产率（kg / 100kg 乳）
35	9.16
37	9.45
39	9.75

契达干酪是世界上生产量最大的干酪品种之一，研究契达干酪的产率具有十分重要的经济价值。1894 年美国的范斯莱克总结了大量数据，并在此基础上建立了契达干酪的产率计算公式，见下式。

$$干酪产率=\frac{(0.93\times F+C-0.01)\times 1.09}{100-M}\times 100\%$$

式中：F——原料乳的脂肪含量，%；

C——原料乳中酪蛋白含量，%；

M——干酪成品中的水分含量，%。

范斯莱克认为，干酪得率主要来自乳中的脂肪、酪蛋白和不溶性盐类。经研究发现，在干酪制作过程中，脂肪大约损失 7%，而每 100 kg 原料乳大约损失 0.1 kg 酪蛋白，不溶性盐类和后添加的氯化钠可将产率提高 9%左右，最后再将成品水分含量考虑进来，即得到如上述公式所表示的计算公式。

除了范莱斯克的经验公式之外，计算干酪产率的公式还很多，如：

（1）干酪产率 $= 2.7 \times F$

（2）干酪产率 $= 1.1F \times 5.9$

（3）干酪产率 $= 1.1F \times 2.5C$

其中，F 表示原料乳中的脂肪含量，C 表示原料乳中的酪蛋白含量。

值得注意的是，即使是脂肪含量相同的原料乳，在不同的地区，使用不同的设备和工艺条件，也会得到不同的产率。因此，在具体应用公式时，应注意对干酪产率数据的积累，并对公式加以修正，以达到控制干酪产率、降低生产成本的目的。

第五节 几种主要干酪的加工工艺

一、农家干酪

农家干酪（Cottage Cheese），又称“酪农干酪”，是一种软质、不经成熟发酵的新鲜干酪，通常在干酪颗粒表面裹以稀奶油。其风味淡泊、带有舒爽的酸味，常用作配制色拉，是一种佐餐干酪。在世界各国较为普及，加工工艺也有一定的差别，现仅就较流行的工艺介绍如下：

（一）原料乳及预处理

农家干酪是以脱脂乳或浓缩脱脂乳为原料，应按要求对原料进行检验。一般用脱脂乳粉进行标准化调整，使无脂固形物达到 8.8%以上，并进行 63 °C、30 min 或 75 °C、15 s 的杀菌处理。冷却温度应根据菌种和工艺方法来确定，一般为 25 ~ 30 °C。

（二）发酵剂和凝乳酶的添加

1. 添加发酵剂

将杀菌后的原料乳注入干酪槽中，保持在 25 ~ 30 °C，添加制备好的生产发酵剂（多由乳链球菌和乳油链球菌组成）。添加量为：短时法（5 ~ 6 h）5%，长时法（16 ~ 17 h）0.5% ~ 1.0%。加入后应充分搅拌。

2. 氯化钙及凝乳酶的添加

按原料乳量的 0.011%加入 $CaCl_2$，搅拌均匀后保持 5 ~ 10 min。按凝乳酶的效价添加适量的凝乳酶，一般为每 100 kg 原料乳加入 0.05 g。加入后搅拌 5 ~ 10 min。

（三）凝乳的形成

凝乳在 25 ~ 30 °C 条件下进行。一般短时法需静置 5 ~ 6 h 以上，长时法则需 14 ~ 16 h。当乳清酸度达到 0.52%（pH 4.6）时凝乳完成。

（四）切割、加温搅拌

切割用水平和垂直式刀分别切割凝块。凝块的大小为 1.8 ~ 2.0 cm（长时法为 1.2 cm）。加温搅拌切割后静置 15 ~ 30 min，加入 45 °C 温水（长时法加 30 °C 温水）至凝块表面 10 cm 以上位置。然后边缓慢搅拌，边夹层加温，在 90 min 内达到 52 ~ 55 °C，搅拌使干酪粒收缩至 0.5 ~ 0.8 cm 大小。

（五）排除乳清及干酪粒的清洗

将乳清全部排除后，分别用 29 °C、16 °C、4 °C 的杀菌后的纯水在干酪槽内漂洗干酪粒 3 次，以使干酪粒遇冷收缩，相互松散，并使温度保持在 7 °C 以下。

（六）堆积、添加风味物质

水洗后将干酪粒堆积于干酪槽的两侧，尽可能排除多余的水分。再根据实际需要加入各种风味物质。最常见的是加入 1%的食盐和稀奶油，使成品含乳脂率达 4%。

（七）包装与贮藏

一般多采用塑杯包装，质量规格分别有 250 g、300 g 等。应在 10 °C 以下贮藏并尽快食用。

农家干酪的机械化加工生产线见图 8-17。

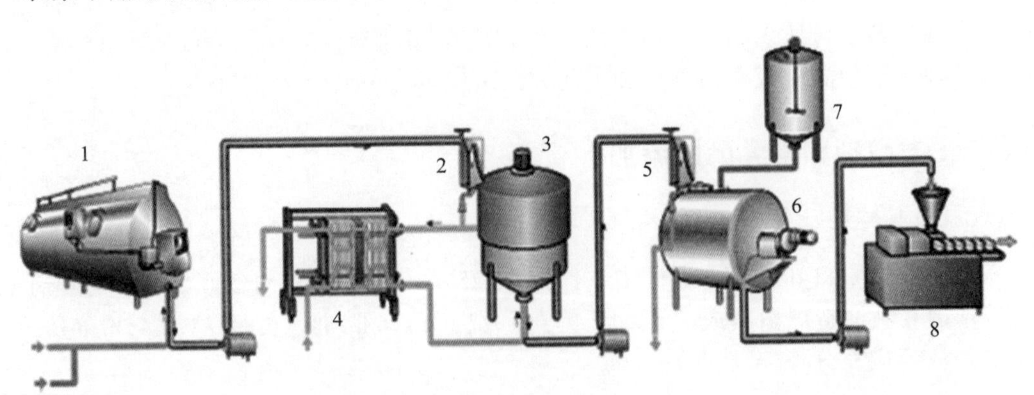

1—干酪槽；2—乳清过滤器；3—冷却和洗缸；4—板式热交换器；
5—水过滤器；6—加奶油器；7—着装缸；8—灌装机

图 8-17　农家干酪机械化加工生产线

二、契达干酪

契达干酪（Cheddar Cheese）及其类似产品是世界上最广泛生产的品种。通常契达干酪的水分占无脂固形物的55%，这意味着契达干酪水分含量虽然在半硬质干酪水分含量的边缘，但契达干酪仍被认作是硬质干酪类。

（一）原料乳的预处理

原料乳验收、净化后进行标准化，使含脂率达到2.7%～3.5%。采用75 °C、15 s的杀菌条件，然后冷却至30～32 °C，注入事先杀菌处理过的干酪槽内。

（二）发酵剂和凝乳酶的添加

发酵剂一般由乳酪链球菌和乳链球菌组成。当乳温在30～32 °C时添加原料乳量1%～2%的发酵剂（酸度为0.75%～0.80%）。搅拌均匀后加入原料乳量0.01%～0.02%的$CaCl_2$，要徐徐均匀添加。由于成熟中酸度高，可抑制产气菌，故不添加硝酸盐。静置发酵30～40 min后，酸度达到0.18%～0.20%时，再添加约0.002%～0.004%的凝乳酶，搅拌4～5 min后，静置凝乳。

（三）切割、加温搅拌及排除乳清

凝乳酶添加后20～40 min，凝乳充分形成后，进行切割，一般大小为0.5～0.8 cm，切后乳清酸度一般应为0.11%～0.13%。在温度31 °C下搅拌25～30 min，促进乳酸菌发酵产酸和凝块收缩渗出乳清。然后排除1/3量的乳清，开始以每分钟升高1 °C的速度加温搅拌。当温度最后升至38～39 °C后停止加温，继续搅拌60～80 min。当乳清酸度达到0.20%左右时，排除全部乳清。如果是高度机械化的生产线，在达到0.2%乳酸度时，经过2～2.5 h的加工，凝块和乳清混合物从干酪槽泵送到连续加工的“切达”机，一般不进行乳清的预排放。

（四）凝块的反转堆积

排除乳清后，将干酪粒经10～15 min堆积，以排除多余的乳清，凝结成块，厚度为10～15 cm，此时乳清酸度为0.20%～0.22%。将呈饼状的凝块切成15 cm × 25 cm大小的块，进行反转堆积，视酸度和凝块的状态，在干酪槽的夹层加温，一般为38～40 °C。每10～15 min将切块反转叠加一次，一般每次按2枚、4枚的次序反转叠加堆积（Cheddaring）。在此期间应经常测定排出乳清的酸度，当酸度达到0.5%～0.6%（高酸度法为0.75%～0.85%）时即可。全过程需要2 h左右，该过程比较复杂，现已多采用机械化操作。

（五）破碎与加盐

堆积结束后，将饼状干酪块用破碎机处理成 1.5 ~ 2.0 cm 的碎块，称为破碎（Milling）。破碎的目的在于加盐均匀，定型操作方便，除去堆积过程中产生的不愉快气味。然后采取干盐撒布法加盐。当乳清酸度大约为 0.8% ~ 0.9%，凝块温度为 30 ~ 31 °C 时，按凝块量的 2% ~ 3%加入食用精盐粉。一般分 2 ~ 3 次加入，并不断搅拌，以促进乳清排出和凝块的收缩，调整酸的生成。生干酪含水量 40%，食盐含量 1.5% ~ 1.7%。

（六）成型压榨

将凝块装入专用的定型器中在一定温度下（27 ~ 29 °C）进行压榨。开始预压榨时压力要小，并逐渐加大。用规定压力 0.35 ~ 0.40 MPa 压榨 20 ~ 30 min，整形后再压榨 10 ~ 12 h，最后正式压榨 1 ~ 2 d。

（七）成　熟

成型后的生干酪于温度 10 ~ 15 °C，相对湿度 85%条件下发酵成熟。开始时，每天擦拭干酪表面并反转一次，约经 1 周后，进行涂布挂蜡或塑袋真空热缩包装。整个成熟期 6 个月以上。

契达干酪的机械化加工生产线见图 8-18。

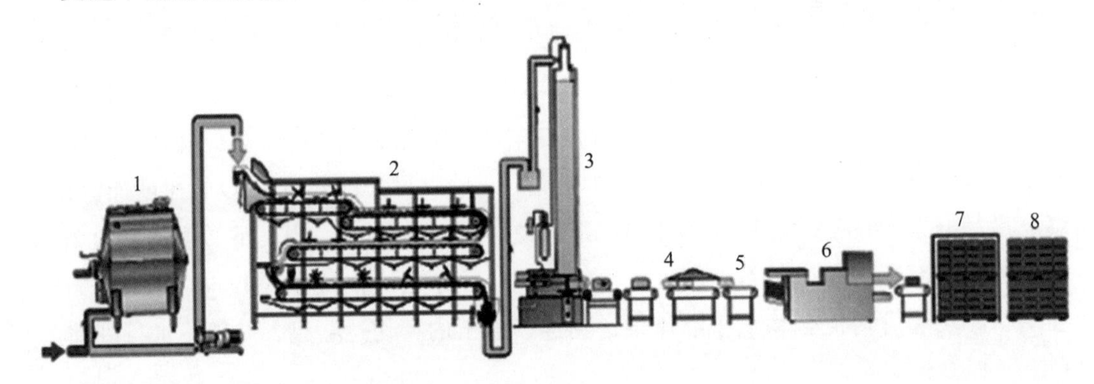

1—干酪槽；2—切达机；3—坯块成形及装袋机；4—真空密封；5—称重；
6—纸箱包装机；7—排架；8—成熟贮存

图 8-18　契达干酪机械化加工生产线

三、高达干酪

（一）原料乳的要求

原料乳必须新鲜、酸度 18 °T 以下，总干物质 11.2%以上、蛋白质 2.95%左右、脂肪含量 3.1%以上；乳中抗生素残留试验为阴性。

（二）原料乳的预处理

原料乳标准化、净乳、巴氏杀菌后冷却到 30 °C。

（三）添加氯化钙、硝酸钾、发酵剂及凝乳酶

氯化钙的添加量通常为 0.01%。加入前先用灭菌水溶解（水温 80 °C 左右），溶解后边搅拌边缓慢加入，避免乳中产生气泡。硝酸钾的添加量通常为 0.02%，使用过量会影响发酵剂的作用，并延长成熟时间。当凝乳槽内的原料乳温度降至 30 °C 时添加发酵剂，发酵剂添加后要匀速搅拌均匀．避免乳中产生气泡，待发酵 30 min 左右，添加凝乳酶，此时的 pH 应在 6.45 左右。凝乳酶的添加量为 0.001 5% ~ 0.003 0%，用灭菌后的蒸馏水冷却至 10 °C 以下溶解，酶与水的比例大约为 1：20。

（四）凝块切割

当凝块达到所要求的硬度时要对凝块进行切割。高达干酪切割刀尺寸为 5 ~ 10 mm，以 7 mm 最为理想。切割刀要有横刀和竖刀。切割时先横切后竖切，倾斜插入，倾斜取出，防止搅碎凝块。由于在切割过程中凝乳不断翻动，总的切割时间不要超过 10 min（最好低于 5 min）。切割刀具要快速通过凝乳，而不要来回拖动。切割后要慢慢搅拌，以免搅碎凝块。并保持温度 30 °C，搅拌 15 min，测 pH，然后排 1/3 乳清。

（五）搅拌及排除乳清

高达干酪生产中的搅拌过程要求两次加温。第一次要求用 80 °C 左右的热水以每 2 分钟升高 1 °C 的速度升温，升到 34 °C 后快速搅拌 15 min，再排 1/3 乳清；然后再用 80 °C 左右的热水以每 2 分钟升高 1 °C 的速度升温，直至升到 38 °C 后继续搅拌，随时测 pH。在搅拌过程中温度要保持 38 °C，直至 pH 为 6.1 ~ 6.2，排掉全部乳清。

（六）堆　积

当凝乳粒排掉全部乳清后，开始堆积。如果凝乳粒 pH 高于 6.2，会使成品干酪水分过高；凝乳粒 pH 低于 6.1 时，导致凝乳粒黏接不好，凝乳粒之间会有空隙出现。

堆积时把凝块堆放在凝乳槽的一侧，排放掉大部分乳清。利用少量乳清保温（乳清没过凝乳块即可）。压上重物，以 0.2 kg 乳凝块上压 1 kg 重物为标准。压 30 min 使乳清进一步排出，堆积时也要保持一定的温度（大约 35 °C 左右）。

（七）压榨成型

凝乳块堆积成形后装入模具。每个模具装干酪 11 ~ 12 kg，用布将干酪凝乳块包好后装

入模具进行预压榨 15 min，使干酪形成特定形状。干酪压榨成形后，把干酪翻面，进行正式压榨。压力应在 85 ~ 95 kPa，压榨 90 min 左右即可。

（八）冷却、浸盐

冷却水温为 5 ~ 10 °C，冷却一夜，次日取出用盐水浸渍。所用盐水浓度通常为 16% ~ 25%。新鲜的盐水中一般要加 0.1%$CaCl_2$ 进行处理，以防止酪蛋白酸钙转化为可溶的酪蛋白酸钠。通常盐水的 pH 为 5.2 ~ 5.6，用盐酸或乳酸调整。盐水温度夏天控制在 12 °C，冬天 12 ~ 14 °C，要求浸盐 2 d。浸盐结束后，将干酪取出用干布包好，放在发酵室中，每天换布翻转，4 ~ 5 d 后取下布，涂层，继续成熟。

（九）干酪的成熟

高达干酪的成熟温度为 10 ~ 11 °C，湿度为 75% ~ 85%，成熟时间为 4 ~ 6 个月。在这期间每天翻转擦拭干酪。

高达干酪的机械化加工生产线见图 8-19。

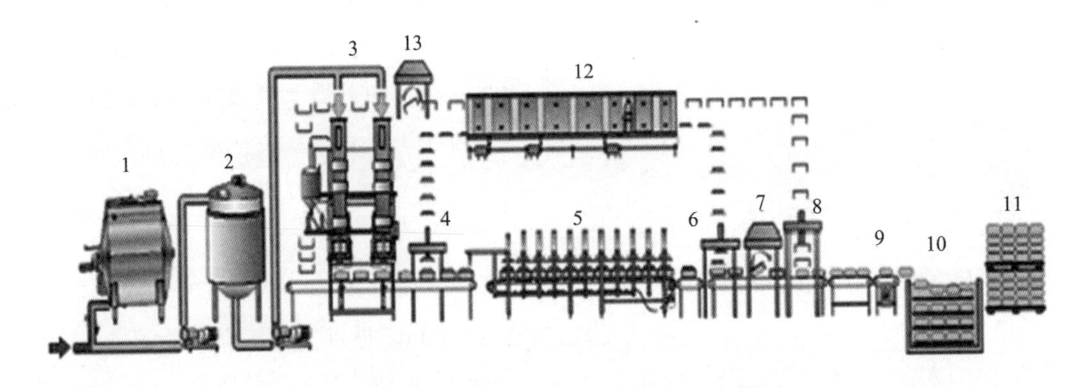

1—干酪槽；2—缓冲缸；3—预压机；4—加盖；5—传送压榨；6—脱盖；7—模子翻转；8—脱模；9—称重；10—盐化；11—成熟贮存；12—模子与盖清洗；13—模子翻转

图 8-19　高达干酪机械化加工生产线

四、荷兰圆形干酪

荷兰圆形干酪（Edam Cheese）除水分、脂肪、酸度较低以外，制造工艺与荷兰干酪基本一致。仅就与荷兰干酪不同的工艺特点介绍如下：

（一）原料乳的脂肪率

原料乳的脂肪率为 2.0% ~ 2.5%，发酵剂的添加量为 0.4% ~ 1.0%，发酵温度为 29 ~ 30 °C，在加凝乳酶前需加入 0.003%的安那妥。加酶后 30 min 形成凝乳，切割成大小为

0.95 cm 的正立方体，然后加温搅拌至 36 ~ 38 °C。

（二）成型压榨

应在 31 °C 条件下保温，先预压 30 min，然后正式压榨 6 ~ 12 h。加盐采用湿盐法：先浸入 16% ~ 17%的盐水中，次日用 22% ~ 24%食盐水，在 12 ~ 14 °C 下浸 2 ~ 3 d。

（三）成熟温度

温度 10 ~ 15 °C，湿度 80% ~ 90%下成熟 6 个月以上。在开始 2 周应每天进行擦拭翻转。以后则用亚麻油涂布，最后除去干酪皮后用石蜡涂布或用玻璃纸包装。

第六节 融化干酪的加工工艺

融化干酪是以硬质、软质或半硬质干酪以及霉成熟干酪等多种类型的干酪为原料，经融化、杀菌所制成的产品，又称再制干酪或加工干酪。从质地上来看，融化干酪可分两大类型，即块型和涂布型。块型融化干酪质地较硬，酸度高，水分含量低；涂布型则质地较软，酸度低，水分含量高。此外，在生产过程中还可添加多种调味成分，如胡椒、辣椒、火腿、虾仁等，使融化干酪具有多种口味。

融化干酪的脂肪含量通常占总固形物的 30% ~ 40%，蛋白质含量为 20% ~ 25%，水分为 40%左右（表 8-10）。

表 8-10 各种融化干酪的化学组成

种 类	水分含量/%	蛋白质含量/%	脂肪含量/%	灰分/%	Nacl 含量/%	酸度/%	pH *	水溶性氮/总氮	氨态氮/总氮
A	41.07	21.23	31.63	6.07	1.04	1.16	5.85	44.67	15.04
B	42.66	24.22	28.19	4.93	0.94	0.93	6.60	42.88	12.45
C	41.04	21.65	31.60	5.71	1.74	1.63	6.10	47.01	15.47

*1:10 的稀释液测定值。

一、融化干酪的特点

（1）可以将各种不同组织和不同成熟程度的干酪适当配合，制成质量一致的产品。

（2）由于在加工过程中加热杀菌，故卫生方面安全可靠，且保存性也比较好。

（3）产品用铝箔或合成树脂严密包装，贮藏中水分不易消失。

（4）块形和质量可以任意选择，最普通的为：三角形铝箔包装，每 6 块（6p）装一圆盒；也有 8p 或 12p 装一圆盒的。另外，有用偏氯乙烯包成香肠状；或用薄膜包装后装入纸盒内，每盒重为 200 g、400 g、450 g 及 800 g 不等。此外，还有片状和粉状等。

（5）风味可以随意调配，但失去天然干酪的风味。

二、融化干酪的加工方法

生产融化干酪所用的主要原料为各种不同成熟度的天然干酪。原料干酪的质量必须与直接食用的干酪要求相同，表面、颜色、组织状态、大小、形状有缺陷的干酪也可作为原料，但有异味、腐败变质的干酪绝对不能用于生产。只有高质量的原料干酪才能生产出高质量的再制干酪产品。其他配料包括水、乳化剂、乳酸、柠檬酸以及各种调味料、防腐剂和色素等，其中乳化剂常用的有磷酸氢二钠、柠檬酸钠、三聚磷酸钠、偏磷酸钠、酒石酸钠等。这些乳化剂可以单独使用，也可以混合使用，一般用量为 1.5%～2.0%。在这些乳化剂中，磷酸盐能提高干酪的保水性，形成光滑的组织。而柠檬酸钠则具有保持颜色和风味的作用。

（一）工艺流程

融化干酪的生产工艺流程见图 8-20。

原料干酪选择 ⟶ 原料预处理 ⟶ 切割 ⟶ 粉碎 ⟶ 加水 ⟶ 加乳化剂 ⟶ 加色素 ⟶ 加热融化 ⟶ 浇灌包装 ⟶ 静置冷却 ⟶ 冷却 ⟶ 成熟 ⟶ 出厂

图 8-20　融化干酪的生产工艺流程

（二）工艺要求

1. 原料干酪的选择

一般选择细菌成熟的硬质干酪如荷兰干酪、契达干酪和荷兰圆形干酪等。为满足制品的风味及组织，成熟 7～8 个月风味浓的干酪占 20%～30%；为了保持组织滑润，成熟 2～3 个月的干酪占 20%～30%；搭配中间成熟度的干酪 50%，使平均成熟度在 4～5 个月之间，含水分 35%～38%，可溶性氮 0.6%左右。有的过熟的干酪，由于析出氨基酸或乳酸钙结晶，不宜作原料。有霉菌污染、气体膨胀、异味等缺陷的干酪不能使用。

2. 原料干酪的预处理

预处理主要是去掉干酪的包装材料，削去表皮，擦拭清洁表面等。

3. 切碎与粉碎

用切碎机将原料干酪切成块状，用混合机混合。然后用粉碎机粉碎成 4～5 cm 的面条状，最后用磨碎机处理。近来，此项操作多在干酪熔化锅（熔融釜，图 8-21、图 8-22）中进行。

图 8-21　干酪熔化锅

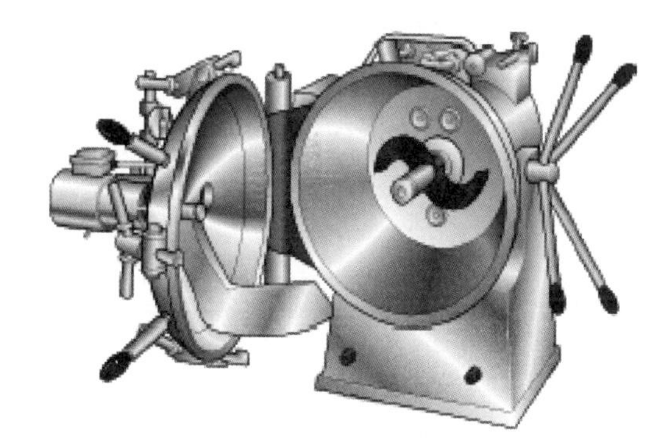

图 8-22　打开锅盖并倾斜排空的干酪熔化锅

4. 熔融、乳化

在干酪熔化锅中加入适量的水，通常为原料干酪重的 5%～10%。成品的含水量为 40%～55%，但还应防止加水过多造成脂肪含量的下降。按配料要求加入适量的调味料、色素等添加物，然后加入预处理粉碎后的原料干酪并加热。当温度达到 50 °C 左右，加入 1%～3%的乳化剂，如磷酸钠、柠檬酸钠、偏磷酸钠和酒石酸钠等。最后将温度升至 60～70 °C，保温 20～30 min，使原料干酪完全融化。加乳化剂后如果需要调整酸度，可以用乳酸、柠檬酸、醋酸等，也可以混合使用。成品的 pH 为 5.6～5.8，不得低于 5.3。在进行乳化操作时，应加快干酪熔化锅内搅拌器的转数，使乳化更完全。在此过程中应保证杀菌的温度，一般为 60～70 °C、20～30 min，或 80～120 °C、30 s。乳化终末时，应检测水分、pH、风味等，然后抽真空进行脱气。

5. 充填、包装

经过乳化的干酪应趁热进行充填包装。包装材料多使用玻璃纸或塑性涂蜡玻璃纸、铝箔、偏氯乙烯薄膜等。

6. 贮藏包装

贮藏包装后的成品融化干酪，应静置于 10 °C 以下的冷藏库中定型和贮藏。

三、融化干酪的缺陷及防止方法

优质的融化干酪具有均匀一致的淡黄色，有光泽，风味芳香，组织致密，硬度适当，有弹性，舌感润滑。但在加工及保存过程中，往往出现下述缺陷。

（一）出现砂状结晶

砂状结晶中 98%为以磷酸三钙为主的混合磷酸盐。这种缺陷主要原因是添加粉末乳化剂时分布不均匀，乳化时间短，高温加热以及与中和剂混用等。此外，当原料干酪的成熟度过高或蛋白质分解过度时，容易产生难溶的氨基酸结晶。

防止方法是乳化剂全部溶解后再使用，乳化时间要充分，乳化时搅拌要均匀，尤需注意搅拌器的上部和锅底部分。

（二）质地太硬

产生质地太硬的原因是原料干酪成熟度低，蛋白质分解量少，水分含量低和 pH 过低等。

防止方法是原料干酪的成熟度控制在 5 个月左右，pH 控制在 5.6 ~ 6.0，水分不要低于标准要求。

（三）膨胀和产生气孔

这一缺陷主要由微生物的繁殖而产生。加工过程中如污染了酪酸菌、蛋白分解菌、大肠杆菌和酵母等，均能使产品产气膨胀。

为防止这种缺陷，调配时原料应尽量选择高质量的，并采用 100 °C 以上的温度进行灭菌和乳化。

（四）脂肪分离

脂肪分离的原因是融化干酪长时间放置在乳脂肪熔点以上的温度里。此外，由于长期保存，组织发生变化和过度低温贮存，使干酪冻结而引起。当原料干酪成熟过度、脂肪含量过多和 pH 太低时也易引起脂肪分离。

防止的方法是原料干酪中增加成熟度低的干酪、提高 pH 及乳化温度和延长乳化时间等。

第九章 乳制品质量管理及 HACCP 的应用

第一节 良好生产规范

传统的食品卫生预防和控制的重点是对食品成品的监督检测，这种方式有明显的局限性，已远远跟不上现代食品工业发展的需要。用对食品生产全过程的管理代替单一的终产品的质量检验已成为当今保证食品生产质量的管理趋势。

食品良好生产规范（Good Manufacturing Practice，GMP）是为保障食品安全，提高产品质量而制定的贯穿食品生产全过程的一系列措施、方法和技术要求。它利用微生物学、化学、物理学、毒理学、食品工艺学及食品工程学等原理，规定食品生产、加工、包装、储存、运输及一切相关活动过程中，有关食品安全、卫生方面可能出现的质量问题的处理方式和方法，从而达到控制食品生产全过程中污物、化学、微生物及其他形式污染，以确保生产者能为消费者制造出安全卫生的食品。GMP 要求食品生产企业应具备良好的生产设备、合理的生产过程、完善的质量管理和严格的检测系统，确保终产品的质量符合标准。

一、GMP 的类别

GMP 大致可分为三种类型：

（一）由国家政府机构颁布的 GMP

如我国在 2010 年颁布的《乳制品企业良好生产规范 GB 12693-2010》就是强制性的 GMP，是乳制品生产企业必须遵守的法律规定，并由国家有关政府部门监督实施。

（二）行业组织制定的 GMP

如我国的《饮食建筑设计规范》，作为同类食品企业共同参照、遵守的管理规定。这类 GMP 为推荐性的，遵循自愿遵守的原则，不执行不属违法。

（三）食品企业制订的 GMP

该 GMP 为企业内部的管理规定。企业为了更好地执行国家颁布的 GMP 的规定，可以结合本企业的加工品种和工艺特点，在不违背法规性 GMP 的基础上制定自己的良好加工指导文件。该 GMP 所规定的内容，是食品加工企业必须达到的最基本的条件。

二、乳制品 GMP 的主要内容

GMP 是对食品生产过程的各个环节、各个方面实行全面质量控制的具体技术要求和为保证产品质量必须采取的监控措施。乳制品 GMP 的主要内容包括乳制品企业在原料采购、加工、包装及储运等过程中，关于人员、建筑、设施、设备的设置以及卫生、生产及品质等管理应达到的标准、良好条件或要求。

（一）厂区环境

（1）工厂应建在交通方便、有充足水源的地区。厂区不得设于受污染河流的下游；厂区周围不得有粉尘、有害气体、放射性物质和其他扩散性污染源；不得有昆虫大量孳生的潜在场所等易遭受污染的情形。

（2）厂区内任何设施、设备等应易于维护、清洁，不得成为周围环境的污染源；不得有有毒有害气体、不良气味、粉尘及其他污染物泄漏等有碍卫生的情形发生。

（3）厂区及临近区域的空地、道路应铺设混凝土、沥青或其他硬质材料或绿化，防止尘土飞扬、积水。

（4）厂区应合理布局，各功能区划分明显并有隔离措施；易产生污染的设施应处于全年最小频率风向的上风侧；焚化炉、锅炉、废水处理站、污物处理场均应与生产车间、仓库、供水设施有一定的距离并采取防护措施。

（二）厂房及设施

1. 车间设置与布局

车间设置应包括生产车间和辅助车间，生产车间包括收乳间、原料预处理车间、加工制作车间、半成品贮存及成品包装车间等。辅助车间应包括检验室、原料仓库、材料仓库、成品仓库、更衣室及洗手消毒室、厕所和其他为生产服务所设置的必须场所。应按生产工艺流程需要及卫生要求，有序而整齐地布局。

2. 地面与排水

地面应用无毒、无异味、不透水的材料建造，且须平坦防滑，无裂缝及易于清洗消毒。排水系统应有坡度、保持通畅、便于清洗。排水系统入口应安装带水封的地漏，以防止固体废弃物流入及浊气逸出。

3. 供水设施

应能保证工厂各部所用水的水质、压力、水量等符合生产需要。储水池（塔、槽）、与水直接接触的供水管道、器具等应采用无毒、无异味、防腐的材料构造。供水设施出入口应增设安全卫生设施，防止有害动物及其他有害物质进入导致食品污染。使用自备水源，应根据当地水质特点增设水质净化设施（如沉淀、过滤、除铁、除锰、除氟、消毒等），保证水质符合 GB5749 的规定。

4. 通风设施

厂房内的空气调节、进排气或使用风扇时，其空气流向应由高清洁区流向低清洁区，防止食品、生产设备及内包装材料遭受污染。

5. 仓　库

应依据原辅料、材料、半成品、成品等性质的不同分设储存场所，必要时应设有冷（冻）藏库。原材料仓库及成品仓库应独立分开设置，同一仓库储存性质不同物品时，应适当隔离（如分类分架存放）。冷（冻）藏库，应装设可正确指示库内温度的温度计、温度测定器或温度自动记录仪，并应装设自动控制器或可警示温度异常变动的自动报警器。

（三）设　备

1. 材　质

所有用于食品处理区及可能接触食品的设备与用具，应由无毒、无臭味或异味、非吸收性、耐腐蚀且可承受重复清洗和消毒的材料制造，同时应避免使用会发生接触腐蚀的不当材料。

2. 生产设备

生产设备应排列有序，使生产作业顺畅进行并避免引起交叉污染，且各个设备的能力应能相互配合。

（1）收乳及储乳设备应包括计量设备、乳桶和奶槽车等贮乳设备及洗涤杀菌设备、过滤器或净乳机、冷却设备、有绝热层的储乳罐、原料乳检验设备、制冷设备等。

（2）预处理设备应包括混合调配设备（原料调配罐、标准化调配罐）、均质机、过滤器或净乳机、热交换器（杀菌器）等。

（3）鲜乳及再制乳加工设备应包括预处理设备、乳液储存设备、洗瓶机及装瓶机（限于玻璃瓶）或自动纸器包装机或塑料薄膜包装机、日期打（喷）印机、清洗设备、成品冷藏库等。

（4）发酵乳加工设备应包括预处理设备、菌种培养设备、搅拌器（混合机）、发酵液储存罐、发酵液稀释罐、洗瓶机（限于玻璃瓶）、检瓶机（限于玻璃瓶）、灌装机、日期打（喷）印机、培养室、冷藏库等。

（5）炼乳加工设备应包括预处理设备、浓缩设备、空罐清洗消毒设备、包装机、高压灭菌机、冷却设备、结晶设备（甜炼乳）等。

（6）乳粉加工设备应包括预处理设备、浓缩设备、喷雾干燥系统、粉体冷却设备（流化床）、筛粉机、乳粉储槽或粉仓-贮粉设备、添加物混合设备、空罐杀菌机、乳粉包装机等。

（7）奶油加工设备应包括原料乳储罐、奶油分离机、杀菌机、稀奶油储罐、酪乳储罐、奶油泵、奶油包装机以及根据实际生产增加相应设备，如稀奶油成熟罐、连续奶油加工机等。

（8）干酪生产设备应包括预处理设备、干酪槽或凝乳槽、干酪盐水槽、压滤槽车、干酪加热成型机、发酵室、熔化锅、切割机、包装机等。

（9）CIP 设备应包括清洗液储罐、喷洗头、清洗液输送泵及管路管件、程序控制装置等。

3. 品质管理设备

（1）必要的基本设备包括分析天平（精确度万分之一）、乳制品专用 pH 计、乳比重计、脂肪测定用离心分离机（或脂肪测定仪）、微生物检验设备、蛋白质测定设备、实验台及实验架、试剂柜、通风橱、供水及洗涤设备，电热、恒温及干燥设备、杂质板过滤机、放大镜、显微镜、紫外线灯（254 nm）等。

（2）专业检验设备宜包括灰化炉（炼乳、奶粉）、黏度计（炼乳）、残存氧测定器（乳粉）、手持折光仪、分光光度计等。

（四）机构与人员

1. 机构与职责

生产管理、品质管理、卫生管理及其他各部门或组织均应设置负责人。生产负责人专门负责原料处理、加工及成品包装等与生产有关的管理工作。品质管理负责人专门负责原材料、包装材料、加工过程中及成品质量控制标准的制订、抽样检验及品质追踪等与品质管理有关的工作。卫生管理负责人负责各项卫生管理制度的制、修订，厂内、外环境及厂房设施卫生、生产及清洗等作业卫生、人员卫生，组织卫生培训与从业人员健康检查等。

2. 人员与资格

生产管理、品质管理、卫生管理负责人应具备大专以上相关专业学历或中专相关专业学历并具备 4 年以上直接或相关管理经验。

3. 教育与培训

工厂应制定培训计划，组织各部门负责人和从业人员参加各种职前、在职培训和有关食品 GMP 及 HACCP 的学习，以增加员工的相关知识与技能。

（五）卫生管理

1. 卫生制度

工厂应制定卫生管理制度及考核标准，作为卫生管理与考评的依据。

2. 环境卫生管理

厂区内及邻近厂区的道路、庭院，应保持清洁。厂区内道路、地面应保持良好状态，无破损，不积水，不起尘埃。排水系统应保持通畅，不得有污泥蓄积，废弃物应做妥善处理。应避免有害（有毒）气体、废水、废弃物、噪声等的产生，防止污染周围环境。乳制品生产场所不得储存或放置有毒物质；不得堆放非即将使用的原料、内包装材料或其他无关物品。乳制品生产车间应当保持空气的清洁，防止污染食品。按 GB/T 18204.1 中的自然沉降法测定，各生产作业区空气中的菌落总数应控制在表 9-1 规定范围。

表 9-1 各生产作业区空气中的菌落总数控制范围

作业区	每平皿菌落数（cfu/皿）
清洁作业区	≤30
准清洁作业区	≤50

3. 厂房设施卫生管理

应建立厂房设施维修保养制度，并按规定对厂房设施进行维护与保养或检修，使其保持良好的卫生状况。收乳间、原料预处理车间、加工车间、厕所等（包括地面、水沟、墙壁等），每天开工前及下班后应及时清洗，必要时予以消毒。冷（冻）藏库内应经常清理，保持清洁，避免地面积水，并定期进行消毒处理。应定时测量记录冷（冻）藏库内的温度或设自动记录装置。加工作业场所不得堆置非即将使用的原料、内包装材料或其他不必要物品，严禁存放有毒、有害物品。

4. 机械设备卫生管理

用于加工、包装、储运等的设备及工器具、生产用管道，应定期清洗消毒。消毒方式宜采用原位清洗（Clean In Place, CIP）方法。清洗消毒作业时应注意防止污染食品、食品接触面及内包装材料。所有食品接触面，包括用具及设备与食品接触的表面，应尽可能时常予以消毒，消毒后要彻底清洗（热力消毒除外），以免残留的消毒剂污染食品。用于加工乳制品的机械设备及场所不得作其他与乳制品加工无关的用途。

5. 清洗和消毒管理

应制定有效的清洗和消毒方法及制度，以保证全厂所有车间和场所清洁卫生，防止食品污染。在清洁作业区、准清洁作业区，应定期进行空气消毒。

6. 人员卫生管理

应对新参加工作及临时参加工作的人员进行卫生知识培训，取得培训合格证书后方可上岗工作。在职员工应定期（至少每年一次）进行个人卫生及乳制品加工卫生等方面的培训。乳制品加工人员必须保持良好的个人卫生，应勤理发、勤剪指甲、勤洗澡、勤换衣。进入生产车间前，必须穿戴好整洁的工作服、工作帽、工作鞋靴。工作服应盖住外衣，头发不得露出帽外，必要时需戴口罩。

（六）生产过程管理

1. 原材料处理

投入生产的原料乳及相关的原、辅材料应符合《质量管理手册》的规定和相应标准的要求。来自厂内外的半成品当作原料使用时，其原料、生产环境、生产过程及品质控制等仍应符合有关良好操作规范的要求。原料及配料的保管应避免污染及损坏，并将品质的劣化减至最低程度，需冷冻的应保持在－18 °C 以下，冷藏的宜在 7 °C 以下。

2. 生产作业管理

生产作业应符合安全卫生原则，并应在尽可能减低微生物的生长及食品污染的控制条件下进行。达到此要求的途径之一是采取严格控制物理因子（如时间、温度、水活性、pH、压力、流速等，其具体控制标准由品质管理部门制定）及操作过程（如冷冻、脱水、热处理、酸化及冷藏等）等控制措施，以确保不致因机械故障、时间延滞、温度变化及其他因素使乳制品腐败或遭受污染。

3. 设备的保养和维修

应加强设备的日常维护和保养，保持设备清洁、卫生；严格执行正确的操作程序；出现故障及时排除，防止影响产品卫生质量的情形发生。每次生产前应检查设备是否处于正常状态，能否进行正常运转；所有生产设备应进行定期的检修并做好记录。

第二节 HACCP 安全体系在乳品生产中的应用

现代意义上的食品安全起源是从 HACCP 开始的，HACCP 是 Hazard Analysis and Critical Control Point 的缩写，即“危害分析和关键控制点”，是对可能发生在食品加工过程中的食品安全危害进行识别、评估，进而采取控制的一种预防性食品安全控制方法。国家标准 GB/T 15091-1994《食品工业基本术语》对 HACCP 的定义为：生产（加工）安全食品的一种控制手段；对原料、关键生产工序及影响产品安全的人为因素进行分析，确定加工过程中的关键环节，建立、完善监控程序和监控标准，采取规范的纠正措施。

一、HACCP 的起源

HACCP 最初是由美国太空总署（NASA）、陆军 Natick 实验室和美国 Pillsbury 公司在 20 世纪 60 年代为了生产百分之百安全的航天食品而产生的食品安全控制系统。当时，为了尽可能减少风险确保宇航食品高度安全，Pillsbury 公司花费大量的人力、物力进行检测，最终产品成本难以接受，并且靠最终的检验控制食品质量并不能防止不合格产品的减少。

为解决这一问题，Pillsbury 公司率先提出了通过过程控制食品安全的概念，这就是 HACCP 的雏形。

为了满足食品链内经营与贸易活动的需要，协调全球范围内关于食品安全管理的要求，尤其适用于组织寻求一套重点突出、连贯且完整的食品安全管理体系，2005 年国际标准化组织发布了 ISO 22000-2005《食品安全管理体系-食品链中各类组织的要求》标准。

该标准的制定由丹麦标准协会（DS）提出，2001 年丹麦标准协会向国际标准化组织主管食品类产品的 ISO/TC 34 技术委员会提交了食品安全管理体系标准工作草案，草案融合了丹麦食品标准 DS 3027 的内容，这就是 ISO 22000 的前身。在他们的建议下国际标准化组织成立了 ISO/TC 34 食物制品技术委员会，丹麦担任了秘书处工作。经过 ISO/TC 34 食物制品技术委员会几年的努力并多方征求意见，2005 年正式发布了 ISO 22000-2005《食品安全管理体系-食品链中各类组织的要求》，该标准借鉴了 ISO 9001 结构框架，参考了国际食品法典委员会（CAC）《食品卫生通则》（包括《HACCP 体系及应用准则》）的内容，标准体现了相互沟通、体系管理、前提方案、HACCP 原理关键原则，同时使 HACCP 的结构和技术内容不断得到扩展、完善和提升，形成了第一个完整的食品安全管理体系国际标准。

二、HACCP 的特点

（一）预防性

HACCP 体系是一种控制食品安全的预防性体系，而不是反应性体系。它要求组织在体系策划阶段，就对产品实现过程各环节可能存在的生物、化学或物理危害进行识别和评估，从而有针对性地对原料提供、加工过程、终产品贮存直至消费进行全过程安全控制。它改变了传统的以终产品检验控制食品安全的管理模式，由被动控制变为主动控制。

（二）灵活性

HACCP 体系的灵活性体现在它适用于任何食物链上食品危害控制。食品链中的组织包括：饲料生产者、初级食品生产者，以及食品生产制造者、运输和仓储经营者，零售分包商、餐饮服务与经营者（包括与其密切相关的其他组织，如设备、包装材料、清洁剂、添加剂和辅料的生产者），也包括相关服务提供者。危害控制措施根据企业产品特点、生产条件具体问题具体分析。

（三）专业性

HACCP 体系具有高度的专一性和专业性，HACCP 小组成员须熟悉产品工艺流程和工艺技术，对企业设备、人员、卫生要求等方面全面掌握，专业娴熟。HACCP 小组整体上具备建立、实施、保持和改进体系所需的专业和管理水平。

HACCP 的专业性还体现在对一种或一类食品的危害控制，没有统一的模式可以借鉴，由于食品生产企业的产品、管理状况、生产设备、卫生环境、员工素质等方面的不同，每个企业针对自己的特点，进行危害分析和控制。

（四）有效性

HACCP 体系的有效性是以体系的预防性和针对性为基础的。自 20 世纪 60 年代 HACCP 概念的产生以来，HACCP 体系经过很多国家的应用实践证明是有效的。美国 FDA 认为在食品危害控制的有效性方面，任何方法都不能与 HACCP 相比。其次，该体系的应用不是一成不变的，它鼓励企业积极采用新方法和新技术，不断改进工艺和设备，培训专业人员，通过食物链上沟通，收集最新食品危害信息，使体系持续保持有效性。

三、HACCP 基本原理

HACCP 是一个确认、分析、控制生产过程中可能发生的生物、化学、物理危害的系统方法，是一种新的质量保证系统，它不同于传统的质量检查（即终产品检查），是一种生产过程各环节的控制。从 HACCP 名称可以明确看出，它主要包括 HA，即危害分析（hazard analysis），以及关键控制点 CCP（critical control point）。

HACCP 原理经过实际应用和修改，已被联合国食品法规委员会（CAC）确认，由以下七个基本原理组成。

原理一：进行危害分析并确定预防措施。危害分析是建立 HACCP 体系的基础，在制定 HACCP 计划的过程中，最重要的就是确定所有涉及食品安全性的显著危害，并针对这些危害采取相应的预防措施，对其加以控制。实际操作中可利用危害分析表，分析并确定潜在危害。

原理二：确定关键控制点，即确定能够实施控制且可以通过正确的控制措施达到预防危害、消除危害或将危害降低到可接受水平的 CCP，例如，加热、冷藏、特定的消毒程序等。应该注意的是，虽然对每个显著危害都必须加以控制，但每个引入或产生显著危害的点、步骤或工序未必都是 CCP。CCP 的确定可以借助于 CCP 决策树。

原理三：确定 CCP 的关键限值（CL），即指出与 CCP 相应的预防措施必须满足的要求，例如温度的高低、时间的长短、pH 的范围以及盐浓度等。CL 是确保食品安全的界限，每个 CCP 都必须有一个或多个 CL。一旦操作中偏离了 CL，必须采取相应的纠偏措施才能确保食品的安全性。

原理四：建立监控程序，即通过一系列有计划的观察和测定（例如温度、时间、pH、水分等）活动来评估 CCP 是否在控制范围内，同时准确记录监控结果，以备用于将来核实或鉴定之用。使监控人员明确其职责是控制所有 CCP 的重要环节。负责监控的人员必须报告并记录没有满足 CCP 要求的过程或产品，并且立即采取纠偏措施。凡是与 CCP 有关的记录和文件都应该有监控员的签名。

原理五：建立纠偏措施。如果监控结果表明加工过程失控，应立即采取适当的纠偏措施，减少或消除失控所导致的潜在危害，使加工过程重新处于控制之中。纠偏措施应在制定 HACCP 计划时预先确定，其功能包括：① 决定是否销毁失控状态下生产的食品；② 纠正或消除导致失控的原因；③ 保留纠偏措施的执行记录。

原理六：建立验证 HACCP 体系是否正确运行的程序。虽然经过了危害分析，实施了 CCP 的监控、纠偏措施并保持有效的记录，但是并不等于 HACCP 体系的建立和运行能确保食品的安全性，关键在于：① 验证各个 CCP 是否都按照 HACCP 计划严格执行；② 确保整个 HACCP 计划的全面性和有效性；③ 验证 HACCP 体系是否处于正常、有效的运行状态。这三项内容构成了 HACCP 的验证程序。在整个 HACCP 执行程序中，分析潜在危害、识别加工中 CCP 和建立 CCP 关键限值，这三个步骤构成了食品危险性评价操作，它属于技术范围，由技术专家主持，而其他步骤则属于质量管理范畴。

原理七：建立有效的记录保存与管理体系。需要保存的记录包括：HACCP 计划的目的和范围、产品描述和识别、加工流程图、危害分析、HACCP 审核表、确定关键限值的依据、对关键限值的验证、监控记录（包括关键限值的偏离）、纠偏措施、验证活动的记录、校验记录、清洁记录、产品的标识与可追溯性、害虫控制、培训记录、对经认可的供应商的记录、产品回收记录、审核记录、对 HACCP 体系的修改复审材料和记录。在实际应用中，记录为加工过程的调整、防止 CCP 失控提供了一种有效的监控手段，因此，记录是 HACCP 计划成功实施的重要组成部分。

四、推行 HACCP 计划的基础条件

一个完整的食品安全预防控制体系即 HACCP 体系，它包括 HACCP 计划、良好卫生操作规范（GMP）和卫生标准操作程序（SSOP）三个方面。GMP 和 SSOP 是企业建立以及有效实施 HACCP 计划的基础条件。只有三者有机地结合在一起，才能构筑出完整的食品安全预防控制体系（HACCP）。如果抛开 GMP 和 SSOP 谈 HACCP 计划，HACCP 计划只能成为空中楼阁；同样，只靠 GMP 和 SSOP 控制，也不能保证完全消除食品安全隐患，因为良好的卫生控制，并不能代替危害分析和关键控制点，三者关系见图 9-1。

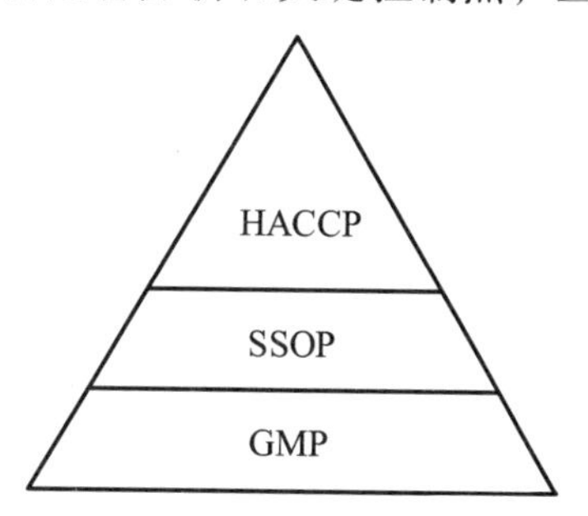

图 9-1　GMP、SSOP、HACCP 三者关系

（一）良好生产规范（GMP）

GMP 是为保障食品安全，提高产品质量而制定的贯穿食品生产全过程的一系列措施、

方法和技术要求。GMP 所规定的内容，是食品加工企业必须达到的最基本的条件（详见本章第一节）。

（二）卫生操作标准程序（SSOP）

SSOP 是指企业为了达到 GMP 所规定的要求，保证所加工的食品符合卫生要求而制定的指导食品生产加工过程中如何实施清洗、消毒和卫生保持的作业指导文件。SSOP 计划一定要具体，切忌原则性的、抽象的论述，要具有可操作性。SSOP 至少包括 8 个方面：

（1）加工用水和冰的安全性；

（2）食品接触表面的清洁卫生；

（3）防止交叉污染；

（4）洗手、手消毒和卫生间设施；

（5）防止污染物（杂质等）造成的不安全；

（6）有毒化合物（洗涤剂、消毒剂、杀虫剂等）的贮存、管理和使用；

（7）加工人员的健康状况；

（8）虫、鼠的控制（防虫、灭虫、防鼠、灭鼠）。

（三）GMP 与 SSOP 的关系

SSOP 指企业为了达到 GMP 所规定的要求，保证所加工的食品符合卫生要求而制定的指导食品生产加工过程中如何实施清洗、消毒和卫生保持的作业指导文件。它没有 GMP 的强制性，是企业内部的管理性文件。

GMP 的规定是原则性的，包括硬件和软件两个方面，是相关食品加工企业必须达到的基本条件。SSOP 的规定是具体的，主要是指导卫生操作和卫生管理的具体实施，相当于 ISO 9000 质量体系中过程控制程序中的“作业指导书”。制定 SSOP 计划的依据是 GMP，GMP 是 SSOP 的法律基础，使企业达到 GMP 的要求，生产出安全卫生的食品是制定和执行 SSOP 的最终目的。

五、乳制品生产企业 HACCP 体系的建立及运行

（一）HACCP 体系的建立

1. 组建 HACCP 工作小组

HACCP 执行小组负责 HACCP 计划的制定、培训和实施，并对 HACCP 的运行过程进行监督，保存所有记录和文件，配合外来检查和认证。在监督过程中将发现的问题用危害分析表的形式报告给上级管理人员，对于生产中存在的任何安全隐患要立即处理，防止不安全事故的发生。

HACCP 体系的建立必须在高层管理人员的积极支持下进行，HACCP 执行小组组长和

成员由高层管理人员任命，组长 1 名，组员 5 ~ 8 人。组员应熟悉产品生产的各个方面，是来自原料采购、生产过程、质量控制、市场营销和统筹管理等部门的代表，组长要有一定的决策权，必要时外聘专家。

HACCP 计划的制定、培训和实施由小组统筹安排，各部门代表负责对本部门 HACCP 运行过程的监督，保证生产过程严格控制在 HACCP 体系的管理之下。

2. 制定 HACCP 管理计划

HACCP 的执行是通过 HACCP 管理计划实现的，HACCP 管理计划的好坏在很大程度上决定着 HACCP 体系的作用。根据指定 HACCP 计划的七项原则，HACCP 计划应包含以下内容：产品确定、工艺流程、危害分析、确定关键控制点、建立关键限值和控制措施、建立对每个关键控制点进行监测的系统、建立纠偏措施、建立文件和记录档案、建立验证程序以及对相关人员的培训等十方面内容。

（1）确定实施 HACCP 管理的产品。对实施 HACCP 系统管理的产品要有详细的描述。现以酸凝乳为例介绍 HACCP 体系对产品描述的内容。

① 产品的名称和定义：产品名称为产品销售所使用的品牌。定义为系采用符合国标要求的新鲜牛乳为原料，经乳酸菌发酵，以 250 mL 玻璃瓶销售的凝固型酸牛乳。

② 产品的原料和主要成分：新鲜天然牛乳、白砂糖、乳酸菌、稳定剂。

③ 产品的规格标准：根据国标或企业标准描述，如感官标准、理化标准和微生物标准等。

④ 产品的杀菌方式：对原料进行巴氏高温杀菌，杀菌条件 91 ~ 93 °C，保持 25 ~ 30 min。

⑤ 包装方式：250 mL 玻璃瓶。

⑥ 贮存条件及保质期限：0 ~ 6 °C，保质 3 d。

⑦ 销售方式：批发或冷链销售。

⑧ 销售区域：市区和近郊。

⑨ 产品的预期用途和消费人群：营养保健，属大众产品。

（2）绘制和确认生产工艺流程图。给出食品生产全过程的信息，方块内表示操作步骤，用箭头表示物料的流向。

（3）对产品进行危害分析。危害分析是建立 HACCP 管理体系的一个重要步骤。危害分析可分为两项活动——自由讨论和危害评价。自由讨论的前提是对产品曾出现过的历史问题的调查和对生产过程的科学分析。自由讨论的范围要广泛、全面，要包含所用的原料、产品加工的每一步骤和所用设备、终产品及其储存和分销方式，一直到消费者如何使用产品等。在此阶段，要尽可能列出所有可能出现的潜在危害。在一般水平的生产管理中可杜绝的危害在 HACCP 计划中不作进一步考虑。自由讨论后，小组对每一个危害发生的可能性及其严重程度进行评价，以确定对食品安全非常关键的显著危害（具有风险性和严重性），并将其纳入 HACCP 计划。需要注意的是进行危害分析时应将安全问题与一般质量问题区分开，以便在体系运行过程中将精力集中在主要问题上，保证 HACCP 体系高效运行。

食品危害有三种，即物理危害、化学危害和微生物危害。乳制品生产过程中机械化程度比较高，尖锐硬质物体的存在会明显影响设备的正常运行，换言之，最简单的操作都会将物理危害去除，不可能到达消费者手中，因此物理危害不是 HACCP 体系必须控制的危害种类。

乳制品的化学危害有三个来源，一是原料乳的化学残留，二是添加剂的质和量，三是洗涤剂的残留。目前乳品厂主要通过严格的检测手段来控制原料乳的质量。事实上，对于原料乳的质量控制仅通过收乳检验远远不够，最好能在乳牛管理过程中给予关注，只有这样才能从根本上解决原料乳的质量问题。添加剂（防腐剂和色素等）的控制包括质和量两个方面，通过严格的检测制度和规范管理即可达到有效控制。洗涤剂残留一方面由玻璃瓶和瓷瓶等须回收的包装容器带入，另一方面是管道设备洗涤之后的残留，可通过严格执行洗涤操作程序进行解决。

微生物危害是目前乳制品存在的主要危害，主要包括细菌、病毒及其毒素、寄生虫等。在 HACCP 体系危害控制中必须给予高度重视。

（4）确定关键控制点 CCP。确定关键控制点是指在制造过程中如果未加控制或控制不当就会产生潜在危害的操作步骤。在关键控制点可以采取措施消除危害（一类关键控制点）或将危害降低到最低程度（二类关键控制点）。可通过 CCP 决策树进行判断。

危害分析与关键控制点的确定并称为 HACCP 体系两大关键要素。通过危害分析找出某种产品可能对消费者产生伤害的危害点，然后分析在工艺中可以消除这些危害的工艺操作，最后制定出进行控制的量化限值、监督方法和出现问题后的纠偏措施。

对于乳制品生产，其共有的关键控制点存在于前期操作，如原料乳的验收和预处理、杀菌操作和配料控制。对这些工艺过程的严格管理可基本杜绝物理危害和化学危害。在后期操作过程中，不同的产品生产过程和所用的设备差异很大，因此要分别对待。

（5）建立关键限值和控制措施。关键限值是为了保证对危害进行有效控制，在操作过程中必须满足的限值。它是每个监控项目的安全界限，所以每一个监控项目对应一组操作限值。每个关键控制点会有一项或多项控制措施，确保预防或消除已确定的显著危害或将其降至可接受的水平。每一项控制措施会有一个或多个相应的关键限值。

关键限值和控制措施的确定应以科学为依据，可来源于科学刊物、法规性指南、专家建议、试验研究等。用来确定关键限值的依据和参考资料应作为 HACCP 方案支持文件的一部分。

通常，关键限值所使用的指标与产品生产过程中的控制参数一致，比如原料乳的杂质度、杀菌的温度和时间、室内空气清洁度、微生物含量等。控制措施实质上是 SSOP 的一部分。

（6）建立对每个关键控制点进行监测的系统。监测系统包括监控内容、监控方法、监控设备、监控频率、监控人员。

监控内容通常是通过观察和测量评估一个 CCP 的操作是否在关键限值内。

监控方法及设备要求能够快速提供结果，一般的物理、化学和微生物方法均可用于 HACCP 的检测。乳制品生产中物理、化学方法包括温度和时间的测定、杂质度的测定、化学成分测定等。快速微生物检测技术在乳制品生产的 HACCP 体系中具有很高的应用价值。

监控应尽可能采取连续监控。连续监控对许多物理或化学参数都是可行的，如杀菌条件的控制。如果监控不是连续进行的，那么监控的频率应确保关键控制点是在控制之下，如室内卫生度的控制等。

监控人员一般由该控制点所在工艺段或主机操作人员负责，也可以由监督员、维修人员、质量保证人员等负责。负责监控 CCP 的人员必须接受有关 CCP 监控技术的培训，完全理解 CCP 监控的重要性，能及时进行监控活动，准确报告每次监控工作，随时报告违反关键限值的情况，以便及时采取纠偏活动。

（7）建立纠偏措施。纠偏措施是一种修正方案，当控制点发生偏离时立即执行。内容包括：确定并纠正引起偏离的原因；确定偏离期所涉及产品的处理方法，例如进行重加工、拒收、收回已分发的产品等；记录纠偏行动，包括产品确认（如产品处理，留置产品的数量）、偏离的描述、采取的纠偏行动（如对受影响产品的最终处理、采取纠偏行动人员的姓名、必要的评估结果等）。

（8）建立文件和记录档案。一般来讲，HACCP 体系须保存的记录应包括：①危害分析小结：包括书面的危害分析工作单、用于进行危害分析和建立关键限值的任何信息的记录，包括支持文件、建立关键限值的依据（包括各种书面材料、论文论著，甚至向有关顾问和专家进行咨询的信件等）。② HACCP 计划：包括 HACCP 工作小组名单及相关的责任、产品描述、生产工艺流程。③ HACCP 小结：包括产品名称、CCP 所处的步骤和危害的名称、关键限值、监控措施、纠偏措施、验证程序和保持记录的程序。④ 卫生规范操作：为使关键控制点在有效的控制范围内必须执行的规范操作程序。⑤ HACCP 的修订计划：任何情况下对 HACCP 计划进行的修改。

（9）建立验证程序。为了保证监测过程的有效执行而必须进行的一些措施，比如监测设备的校准并记录、各种记录的复查、针对性的采样检测等。

（10）培训。运行 HACCP 体系之前要对与系统运行有关的所有人员进行培训，使其完全理解体系运行的重要性，牢记自己的责权和一切有关的具体操作方法。

（二）HACCP 计划的执行

HACCP 计划的执行由 HACCP 小组具体负责并执行。HACCP 小组负责向所有参与 HACCP 行动的人员进行 HACCP 计划培训，确定责任人，监督体系正确运行。

HACCP 计划完成以后，可在企业内部进行实验性运行，并根据运行情况对计划进行修改，确认运行正常后，可根据国家技术监督局发布的《质量体系认证实施程序规则》，结合 HACCP 具体情况进行认证。

（三）HACCP 的有效运行

HACCP 管理体系是一种全员参与的、预防性质量管理体系，因此，为了保证体系有效运行，必须注意以下几方面问题：

（1）企业的高层领导应对质量改进给予足够重视，创造必须的环境条件。

（2）一线职工是产品生产的第一执行人，因此，为了保证 HACCP 体系的有效运行，必须使企业的全体职工对保证产品安全形成共同理念，使全体职工都能充分认识到体系的实施与企业、消费者和职工个人三者之间的利益关系，自觉地把自己的工作同产品的安全、工厂的效益及顾客利益联系起来，尽职尽责。

（3）在质量改进中也要全面贯彻预防为主的思想，出现问题，立刻纠正，决不等出了问题、造成了损失再去改进。

（4）生产企业必须持续、严格地贯彻 HACCP 管理规范，杜绝走形式和或冷或热的现象发生，通过教育、培训和小组成员的表率作用，使 HACCP 操作规范切实贯彻到每一个产品的生产过程中。

（5）加强内部管理的审查措施。HACCP 有效运行的关键是企业内部的管理，小组成员需要在生产第一线对 HACCP 的运行状态进行持续不断的监督。但是，小组成员不可能始终在生产第一线，因此，生产企业做好内部的审查是防止形式主义的有效措施，特别要做好各种文件记录，为内外审查提供材料证明。

（6）对 HACCP 管理体系必须进行持续不断的改进。HACCP 管理措施与生产过程密切相关，因此，当生产过程中的任何因素发生变化时，HACCP 的管理措施必须作出相应改进，使其具有更强的针对性和可操作性，提高体系的运行效率。

（7）持续加强教育和培训。不仅要树立职工的质量意识，在工作方法或操作技术方面也应加强培训，包括对各类专门人员的培训，如内审人员、特殊工序检验人员和操作人员等。另外，还应注意加强部门与部门之间的接口教育，使每一个责任人员都能分清自己的职责。这里应特别注意对骨干力量和后备力量的培养，企业如果拥有一支质量意识高、责任感强，且训练有素的职工队伍，必然是质量体系有效运行最重要的资源保证。

（8）HACCP 体系必须与 GMP 同时执行才能有效运行。GMP 与 HACCP 是一种整体与局部的关系，GMP 规定了食品生产企业各方面的最低卫生要求，偏向于概括性的规定，而 HACCP 是针对具体产品的安全隐患而设立的具体管理措施。

（9）严格执行 HACCP 体系的验证。验证内容包括检查产品说明和生产流程图的准确性；检查 CCP 是否按 HACCP 的要求被监控；监控活动是否在 HACCP 计划中规定的场所执行；监控活动是否按照 HACCP 计划中规定的频率执行；当监控表明发生了偏离关键限制的情况时，是否执行了纠偏行动；设备是否按照 HACCP 计划中规定的频率进行了校准；工艺过程是否在既定的关键限值内操作；检查记录是否准确和是否按照要求的时间来完成等。

验证的频率应足以确认 HACCP 体系在有效运行，每年至少进行一次或在系统发生故障时、产品原材料或加工过程发生显著改变时或发现了新的危害时进行。

（10）企业应将实施 HACCP 和进行企业的基础设施、技术改造结合起来，使企业的基础建设、设备改良、职工素质及管理水平共同发展。

参考文献

[1] 李凤林. 乳与发酵乳制品工艺学[M]. 北京：中国轻工业出版社，2007.
[2] 李凤林，兰文峰. 乳与乳制品加工技术[M]. 北京：中国轻工业出版社，2010.
[3] 褚中秋. 高共轭亚油酸瑞士型干酪加工技术研究[D].北京：中国农业科学院，2007.
[4] 孙丹，徐国霞，王自强，等. 产酸丙酸杆菌耐酸菌株的选育及其应用[J]. 中国生物工程杂志，2017，37（11）：83-88.
[5] 施正学，骆承庠. 乳制品中的酵母及其作用[J]. 中国乳品工业，1992(06)：278-283.
[6] 魏光强，王雪峰，陈越，等. 直投式发酵剂菌株筛选及发酵特性[J/OL].食品与发酵工业，2020，46（1）：184-190.
[7] 任香芸，何志刚，李维新，等. 直投式发酵剂制备工艺对乳酸菌存活率的影响[J]. 食品科学技术学报，2017，35（06）：36-41.
[8] 李鹏. 嗜热链球菌的功能性研究及其直投式发酵剂的开发应用[D]. 石家庄：河北科技大学，2018.
[9] 苏帅，孙会，于航宇，等. 鼠李糖乳杆菌的生物学功能[J]. 动物营养学报，2019，31（01）：97-101.
[10] 陈桂芳，刘艳，单春乔，等. 费氏丙酸杆菌代谢作用和生理功能研究进展[J]. 中国畜牧兽医，2018，45（04）：1074-1081.
[11] 张亚伟. 中国奶业竞争力影响因素研究[D]. 北京：中国农业科学院，2015.
[12] 任大勇. 益生乳酸杆菌的黏附及免疫调节作用研究[D]. 长春：吉林大学，2013.
[13] 刘继业. 直投式乳酸菌发酵剂制备技术的研究及其应用[D]. 泰安：山东农业大学，2017.